全国科普创作与产品研发示范团队作品

快乐学堂系列

U0837116

距离课堂最近的权威读物
影响孩子一生的阅读经典

地球妈妈的五张脸谱

刘兴诗 黄寰 / 主编

青少年百科图书馆

科学性 趣味性 文学性

父母送给孩子最好的人生礼物

培养学习兴趣，提高综合素质，养成良好习惯，
探究人生道理，训练思维能力。

时代出版传媒股份有限公司
安徽教育出版社

图书在版编目（CIP）数据

地球妈妈的五张脸谱 / 刘兴诗，黄寰主编．—合肥：安徽教育出版社，2015

（青少年百科图书馆）

ISBN 978-7-5336-8062-6

Ⅰ．①地…　Ⅱ．①刘…　②黄…　Ⅲ．①环境保护 - 青少年读物　Ⅳ．① X-49

中国版本图书馆 CIP 数据核字 (2015) 第 203477 号

地球妈妈的五张脸谱

DIQIU MAMA DE WU ZHANG LIANPU

出 版 人：郑　可
质量总监：姚　莉
策划编辑：胡延东　杨多文　徐宝妹
责任编辑：徐宝妹
装帧设计：戴　军
责任印制：王　琳
出版发行：时代出版传媒股份有限公司　安徽教育出版社
地　　址：合肥市经开区繁华大道西路 398 号　邮编：230601
网　　址：http：//www.ahep.com.cn
营销电话：（0551）63683011，63683013
排　　版：北京名壹堂图书有限公司
印　　刷：三河市腾飞印务有限公司
开　　本：660mm × 960mm　1/16
印　　张：12.5
字　　数：174 千字
版　　次：2017 年 3 月第 1 版　2017 年 3 月第 1 次印刷
定　　价：29.80 元

序言

我们从呱呱坠地开始，就与这个浩瀚的宇宙有了质的接触，在与这个万花筒似的世界建立密切关系的过程中，我们会发现各种有趣的事物，接收到不同学科的知识。随着人类科技的发展，广阔飘渺的宇宙俨然成了一本供世人阅读的活页大百科全书，等待人们去探索，去学习，去掌握，去开拓。“青少年百科图书馆”丛书力求贯彻国家课程标准和各项专题教育纲要的精神，内容深入浅出，集知识性、趣味性、文学性为一体，以诙谐有趣的口吻、简洁规范的文字、精美生动的插图为读者呈现科普知识的饕餮大餐，这些科普知识与中小学各学科内容紧密结合，有助于提高中小学生的科学素养和人文素养。

本丛书内容丰富，有趣味盎然的古老传说、文笔优美的名人轶事、引人入胜的科学小实验、简明的知识等。为了让读者能够轻松地阅读，快乐地学习，积极地思考，丛书的每一篇文章都有紧扣课程标准的“知识点”、开拓视野的“知识链接”、培养探索能力的“动动手”以及扣人心弦的手绘插图四个部分，让读者在循序渐进的阅读过程中与科普进行深层次的精神交流，同时激发读者对科普的热情，培养读者对科普的兴趣。

本丛书共计19本，取材广泛，知识新颖，分为两个系列：“快乐学堂系列”“求知阶梯系列”，文字累计超过300万字。“快乐学堂系列”有10本，读完这一系列读物，将有助于你拥有健康的心灵（心理健康教育），理解诚信的真谛（诚信教育），具备初步的法律意识（法律），了解安全自救的基本知识（安全教育），增强对中国文化的美好情感（语文），懂得生命在于运动（体育），务实英文学习基础（英语），树立环保意识（环境教育），养成懂礼貌的好习惯（礼仪教育），展开科学之旅（科学）。“求知阶梯系列”有9本书，读完这一系列读物，你可以学习交谈的艺术（礼仪教育），爱上诚信这个朋友（诚信教育），体会弹指一挥间的快乐（体育），找到快乐的源泉（心理健康教育），接触生态建筑（生物），进入立体世界（数学），触摸穿越时空的门（物理），感受世界各地的魅力（英语），找准自己的目标（思想品德）。

在中国科协项目、四川省科技计划科普培训项目、四川省科协项目和成都市科协项目等的支持下，来自全国科普创作与产品研发示范团队“成都理工大学刘兴诗工作室”、成都理工大学四川省哲学社会科学普及基地、成都理工大学大学生记者站、四川创新区域经济研究院、四川省科普作协、成都市科普作协等部门众多一线教学工作者和有着丰富写作经验的科普作者经过两年多的精心策划和编纂，“青少年百科图书馆”系列图书终于与读者见面了。同时，丛书的所有绘图也得到了成都崇州市艺林美术学校支持，由其组织供稿。作者团队殚精竭虑，在参考众多文献的基础上，尽量使丛书反映出当代科学发展的最新信息，但是由于精力和水平有限，书中难免出现些许瑕疵，望读者不吝赐教，以便我们不断改进。

刘兴诗

2016 年 7 月

目　录

第1章

草木的本心

小草微微笑

知识点 春天，小草和树叶全都变绿了，大地穿上了绿色的新装。到处是一派生机盎然的景象。

星期天的早晨，小米还在睡梦中呢，一阵鸟叫声传来，打断了她的美梦。小米睁开朦胧的双眼，伸伸懒腰，脑海中突然跳出孟浩然的一句诗："春眠不觉晓，处处闻啼鸟。"

吃过早饭，小米和爸爸、妈妈漫步来到了沙河边，每走一步都有新的发现：绿油油的小草被春姑娘唤醒了，露出尖尖的小脑袋，好奇地打量着身边的世界；许许多多的小草依偎在一起，形成了大片大片的草坪，像是给大地穿上了绿茸茸的新装。

阳光明媚，万物复苏，到处是一派春意盎然的景象！春姑娘真的来了！小草就是春天的使者啊！它装扮着山峦，装扮着大地，装扮着美丽的春天，也装扮着我们快乐的生活！

此情此景，让小米想起了一首歌唱小草的歌，她大声地唱了起来："没有花香，没有树高，我是一棵无人知道的小草。从不寂寞，从不烦恼，你看我的伙伴遍及天涯海角。春风啊春风，你把我吹绿；阳光啊阳光，你把我照耀；河流啊山川，你哺育了我；大地啊母亲，把我紧紧拥抱……”

爸爸说：“小草是最平凡的，也是最伟大的，因为没有绿色的小草就没有美丽的春天啊！”

“爸爸、妈妈，春天好热闹啊。”小米说，“小草其实并不寂寞，我发现它们有好多可爱的小伙伴呢。你看，那些叫不上名字的野花在草地上悄悄地绽放，有的金黄，有的粉紫，有的红彤彤，有的蓝莹莹，就像草地上有不同颜色的小星星在眨眼睛，好漂亮呀！还有那些身穿彩色衣裙的蝴蝶在草地上为小草伴舞呢！小蜜蜂在花丛间嗡嗡地飞个不停，正在辛勤地采花蜜呢！它们都是小草的好朋友呀！它们像是提前约好了，要在春天里聚会，开一个大 Party 呢！瞧，那些花花草草随风摇动，在和我们打招呼，我好像听它们在说：‘春天来了！春天来了！春天多美好啊！’”

小米蹦蹦跳跳地漫步河边，和爸爸妈妈手挽着手，呼吸着新鲜的空气，观赏着美丽的风景，甭提多开心啦！忽然她看见一个遛狗的人走过来，小狗在草坪上踩来踩去，眼看着刚冒出新芽的小草，一会儿就被踩上了几个脏脚印。小米急了，她指着路旁的牌子大声说：“小草微微笑，请您绕一绕。”那个遛狗的人有些惭愧，赶快牵着狗走出草坪，上了石板路。

小米悄悄地对小草说：“亲爱的小草，让我们做好朋友吧，我一定会好好地爱护你，让你笑得更美丽！我们拉钩吧！”

知识链接

“离离原上草，一岁一枯荣。野火烧不尽，春风吹又生。”白居易这几句诗的意思是说，原上的野草秋天枯了，春天又会重新生长出来，岁岁循环。不管烈火怎样无情地焚烧，只要春风一吹，青青的野草又生长出来了。诗句表现了小草生生不息的生命力，也表现了大自然一枯一荣的更替规律。

小实践 春天的周末，请和小伙伴们一起到野外郊游，观察小草的形状、色泽，感受春天的气息。

五颜六色的花

知识点 春天里，五颜六色的花竞相开放。花有各种颜色，是因为在花瓣细胞里存在各种不同的色素的缘故。

四月的一天，春光明媚。玉林小学三年级一班的全体同学在生物课老师王老师的带领下，到龙泉山踏青。

一路上，同学们排着整齐的队伍，背着水壶，带着干粮，唱着歌儿，向龙泉山进军。山野里，小溪边，大道旁，绿油油的小草向他们点头，各种各样的花儿冲他们微笑，好像在说："亲爱的伙伴，欢迎你们！"

微风吹来，漫山遍野的花像在风中舞蹈，又像在交头接耳地说着悄悄话。

班上有个爱美的女生叫紫薇，她看到这么多美丽的精灵在风中摇摆，禁不住弯下腰，摘了一朵紫色的野花别在发梢上。她身后有个调皮的男生拿了根小草棍，悄悄地将她头上的野花拨掉了，紫薇没有感觉到，还蹦蹦跳跳地唱歌呢，身边的同学都哈哈大笑起来！

龙泉山上有各种各样的野花，还有许多开花的果树。它们看到有这么多可爱的小朋友来游玩，就像孔雀开屏一样，争先恐后地绽开美丽的花朵，流露出千娇百媚的风情。看吧，金黄色的迎春花，白色的梨花，粉色的桃花，紫色的玉兰花，还有各种叫不出名字的野花……真是百花盛开，姹紫嫣红，争奇斗艳！

王老师趁机问大家："你们知道为什么花有那么多不同的颜色吗？"

班上有"小科学家"之称的林晨抢着说："这是因为在花瓣细胞里存在各种不同的色素的缘故。这些色素主要有三大类。"王老师用赞许的目光看着林晨，问："是哪三大类呢，你说说看。"

林晨说："我记得有一类叫花青素，另外两类记不清了。"

王老师细心地为大家讲解到："这三大类色素呢，第一类是类胡萝卜素，包括某些红色、橙色及黄色素在内的许多色素；由于这几种色素在花瓣中的含量不一样，再加上水分、日照、温度的差别，花便呈现出各种不同的色彩。第二类叫类黄酮素，是使花瓣呈浅黄色至深黄色的色素；目前，已发现的类黄酮有五六百种之多，不同种类的类黄酮能使花呈现出不同的颜色。第三类叫花青素，有些花的橙色、粉红、红色、紫色、蓝色是由花青素引起的。花青素有一种特性，就是遇到酸性物质时会变成红色，遇到碱性物质时变成蓝色。由于各种花的酸碱度不一样，所以即使含有同样多的花青素，也会呈现出不同的颜色。

另外，花呈现白色是因为花瓣里不含色素的缘故。”

同学们听明白了，花有各种颜色，原来是这些类胡萝卜素、类黄酮、花青素之类的家伙在搞怪啊！

来到山上，王老师给大家布置了任务，说：“按照我们预先的分组，以组为单位，在游玩的同时，大象观察不同品种的花的颜色、形状和特点，用小本子记下来。不能单独行动，两个小时以后还在这里集合。”

同学们雄赳赳气昂昂地唱着歌，继续向大山深处进军！

知识链接

名画《春天的花》出自24岁的莫奈之手，这幅画构图大胆，用笔自信，展示出画家对色彩的敏锐直觉。1864年，莫奈记叙了在户外作画的愉快时光：“自然变得非常美，一切都显得变幻多姿，真是妙极了！”

小实践 请小朋友春游时采集各种颜色的花夹到书页里收藏起来，几天后看看有什么变化。

千姿百态的叶子

知识点　认识不同植物的叶子以及它的特别性能，欣赏不同植物叶子的美，激发孩子们对大自然的热爱。

世界上的植物成千上万，植物的叶子也千姿百态。植物枝条上那些或翠绿或金黄或红艳艳的叶儿，姿态迥然，形态各异，更给人们带来美的遐思。

小叶最喜欢收集各种各样的叶子了。不同的季节都会有不同形状、不同颜色的叶子从树上掉下来。每当小叶捡到她喜欢的叶子，就像得到了一个宝贝似的，小心翼翼地拿回家，将它们夹在五颜六色的故事书里。

一次放学后，几个小伙伴想见识一下小叶收集的叶子标本，就一起来到小叶家里。小叶说："我的每本故事书里有一种类型的叶子，在叶子标本的下面有它们的介绍。你们每人拿一本故事书，每人读一段，这样我们大家可以共同来了解这些可爱的叶子，好吗？"

"好的！"小伙伴们一致拍手响应。

小薇翻开一本书，里面夹着各种各样的枫叶，她读到："这些红色的叶子是枫叶，每个枫叶上有五个角；在秋天的原野放眼望去，大片红色的枫叶聚集到一起，在起伏的山峦上迎风飘扬，不仅让人想起'看万山红遍，层林尽染'的豪迈诗句。"

小林翻开一本书，里面夹着各种形状的松树的叶子，他读道："这是松树的叶子，墨绿色，像针一样尖细，所以叫做松针；松针尖利细长，像是万根绿针簇拥着枝条。在大片的松林里，有风吹来的时候，掩耳静听，你会听到松涛阵阵，像海浪一样起伏的声音。"

小盾翻开一本书，里面夹着思茅草的叶子，他读道："这是思茅草的叶子，它的叶缘上有许多锋利的细齿，据说，这些细齿可以保护自己呢。古代的鲁班就是因为曾被思茅草的叶片划破了手，受到启发才造出了世界上的第一把锯子。”

小黎翻开一本大书，里面夹着椰树的叶子，她读道：“生长在海边的椰树有十分宽大的叶子，这些叶子非常坚强，即使在强烈的风雨之中也能够安然无恙，这是为什么呢？原来它的叶子表面有一道道凸起或凹下的波纹，这些波纹使叶子能够承受较大的压力。这就好像是一张平纸不能承受住什么，但是如果把它折成折扇状，它就能承受重物的压力。”

小强翻开一本书，里面夹着车前草的叶子，他读道：“这是车前草。车前草十分常见，可是有谁知道，在它的叶子中也存在着令人吃惊的秘密：它的叶子按螺旋状排列，每两片叶子的夹角竟然都是137°30′，这样就使所有的叶子都能照射到阳光。于是人们受到启发而建造了螺旋形的高楼，这样阳光就能照进每一个房间了。”

还有，芭蕉的叶子像一片片绿色的屏风，迎着雨声“噼叭”作响；剑麻的叶子像一把把脱鞘而出的利剑，直刺向辽阔的天空；灯心草的叶子像是一把缝制鞋底用的锥子；银杏的叶子像一把把金黄的小折扇……

看到了这么多千姿百态的叶子，小伙伴们都非常开心！原来世界上有这么多形状不同、色彩不同却同样美丽可爱的叶子，这真让他们大开眼界！他们都用羡慕的目光看着小叶，好像她是个魔仙女，只将魔仙棒一挥，就变出了这么多神奇的叶子呢！

知识链接

智利森林里生长着一种大根乃拉草，它长有硕大的叶片，据说一张叶片就能把三个并排骑马的人连人带马都遮盖住，两片叶子就可以遮盖一个五六人住的临时帐篷……

小实践 到大自然中采摘不同的叶子，在纸上做一些拓片。

飘飞的蒲公英

知识点 飘飞的蒲公英，每一粒种子都是新的生命，新的希望，装点着辽阔的大地，为人们带来生机和希望，可是它们的生存环境却在遭受人为的破坏。

夏日的清晨，小蓝和爷爷扛着锄头，一起来到后山，为麦苗锄杂草。在五彩的霞光中，小蓝看到山上各种颜色的花儿正在盛开，一些翠绿的叶子上还泛着晶莹的露珠。一些白色的花絮在空中飞舞，柔软轻盈，似花非花，似雾非雾。小蓝问爷爷："爷爷，这是什么呀，真美，我以前怎么没见过呢？"爷爷说："这是蒲公英啊。"小蓝兴奋地说："原来这就是蒲公英啊，爷爷，蒲公英为什么会飞呢？"爷爷说："因为蒲公英长大了，要离开妈妈，去寻找自己的梦想，飞到遥远的地方扎根土壤，给另外的地方带去新的希望。它们借助风的力量或是其他动物的身体飞到别的地方。"

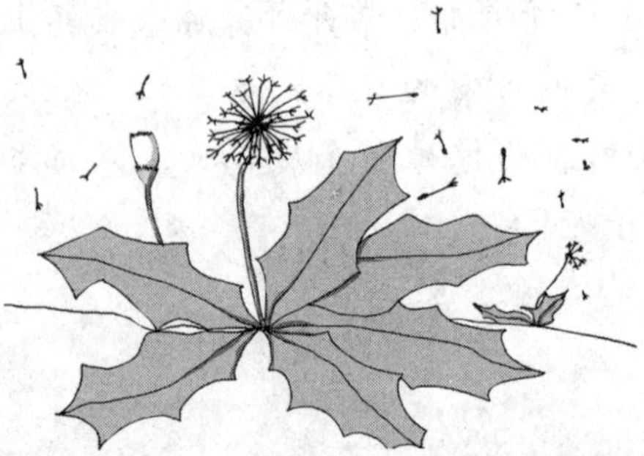

看着随微风舞动的蒲公英，小蓝心里想着，它们会找到自己的新家，在那里生根发芽，茁壮成长，孕育自己的下一代，一直延续自己的生命。

夜里，小蓝躺在床上望着窗外，想着蒲公英飘飞的美丽情景，很快进入了梦乡。

梦里，她来到了一片绿色的大森林。森林里有参天的大树，绿色的草地，五彩的花朵，各种动物在自由自在地散步。她不知道自己到了什么地方，只是觉得这里好神奇。这时，一位美丽的姑娘出现了，她温柔地说："欢迎你来到神秘林，我是你的向导，蒲公英仙女。”蒲公英仙女挥动自己的仙女棒，小蓝就飞起来了，轻飘飘的。飞上天空的那一刻她看见了好多蒲公英仙女，它们都朝着仙女姐姐带领的方向飞去。

飞啊飞啊，飞过无数的山峦和村庄，飞过一幢幢参天的高楼，她们终于到达了目的地，蒲公英仙女把小蓝放到了地上。小蓝看见周围有好多蒲公英，可是不知道为什么，那些蒲公英看上去都奄奄一息。小蓝问仙女姐姐发生了什么事，仙女姐姐说：“由于周围工厂排放了许多废水，蒲公英的根都泡在这些废水里，时间一久，根就慢慢腐烂了，工厂排放的废气也让蒲公英越来越没了精神。看着我的姐妹们即将离我而去，心里真的好难过，可是自己又帮不上它们。多么希望人类停止对这片土地的污染，让蒲公英快快乐乐地生活在这里呀！小蓝，你能将我的心愿传达给人类吗？”仙女姐姐伤心地说。

一觉醒来，小蓝觉得眼前满是飘飞的蒲公英，眼睛里还闪着晶莹的泪光。小蓝想，蒲公英也是一个生灵呢，我要尽自己的一份力量，保护周围美丽的花花草草，让它们不再受委屈了。

知识链接

《本草纲目》云：“蒲公英嫩苗可食，生食治感染性疾病尤佳。”蒲公英含有丰富的维生素A和C及矿物质，对消化不良、便秘都有改善的作用。

小实践 和伙伴们到大自然中去采集、辨认蒲公英吧。

带刺的仙人掌

知识点　仙人掌为了适应沙漠的干旱气候，叶子演化成多肉多刺的古怪形状，以减少水分蒸发。

周末，爷爷到花鸟市场给小凡买了一件特别的礼物——仙人掌。

放学回家后，小凡一眼就瞥见了那盆放在阳台上的仙人掌。亭亭玉立的仙人掌像是摆出一个邀请的姿势，热情地说“我们交个朋友吧！”小凡蹦蹦跳跳地来到窗台边，颇有兴趣地抚弄着仙人掌。

“啊！”在厨房做饭的爷爷听到一声尖叫，马上赶过来，看到小孙子正泪眼汪汪地低头捂着自己的小手。一根刺插在了小凡的手上，爷爷赶紧找来一根针消了毒，将小凡手里的刺挑了出来，又涂上了一点碘酒。爷爷对着小凡的手吹了一下，说道：“小凡，这个不能摸，只能看啊！”

爷爷从厨房拿出一个洗好的苹果递给小凡，小凡咬了一口，马上破涕为笑了。他好奇地问爷爷：“爷爷，仙人掌为什么会有这么多的刺啊？而且它的形状很古怪，我给它取名叫刺猬掌得了！”

爷爷笑呵呵地摸摸小凡的脑袋，说：“仙人掌长期生长在干旱的沙漠地区，这些地区水分不足，日照强，风大，气温低，如果不储存水分，就会干死。为了减少蒸发和贮藏水分，仙人掌的叶子退化成了针状，以适应干燥的生存环境，还可以防御动物的袭击。同时，仙人掌的茎干变得肉质多浆，根部也深入沙漠里，这种肉质茎的吸水力很强，能够贮存大量水分，这也是它长期练出的另一种抗旱的本领。”

小凡指着手里的苹果说：“爷爷，如果我把一棵苹果树种在沙漠里，会怎么样呢？”爷爷从书房里取来一本《植物百科全书》，翻开一页说：“你看，有人做过实验，把同样高的苹果树和仙人掌种在一起，在夏天里观察它们一天的失水量，结果苹果是10～20公斤，而仙人掌却只有20克，相差上千倍。苹果树肯定适应不了沙漠的干旱气候，到了沙漠里就会被干死的。只有仙人掌适合沙漠气候，这叫适者生存啊！”

小凡若有所思地点点头，突然又想起一个问题：“爷爷，仙人掌原来生活在沙漠里，现在生活在我们家的阳台上，生活环境变了，它的形状会不会发生变化啊？”

爷爷拍拍小凡的脑袋说：“小凡真是个善于思考的好孩子！这样吧，我们一边养育仙人掌一边观察它的变化吧，到时候你自己就会有答案了！”

小凡开心地点点头。

知识链接

仙人掌的故乡在美洲和非洲，其中尤以墨西哥分布的种类最多，仙人掌也是墨西哥的国花。仙人掌有药用价值，可以清热解毒、散瘀消肿、凉血止痛、健胃止痛、镇咳等。

小实践 请小朋友在自家养一株仙人掌，了解它的生活习性和特点。

神秘的含羞草

知识点 含羞草不仅适合观赏，还有预测天气阴晴、预测地震的功能，同时具有一定的药用价值。

一个星期天的下午，妈妈带着小薇到花鸟市场玩，小薇注意到一个老妈妈的小摊前有几株绿色的植物，只有六七厘米长，纤细的颈上擎着几片残缺不全的叶子。小薇觉得这种植物有点与众不同，很想买下它，但不知道这种植物的名字。妈妈说："这是含羞草，我们买下它吧，只要细心照料，它会长好的。"小薇点点头。

回到家，小薇把含羞草放到阳台上浇了水。几天后的一个中午，小薇突然想起该给它施肥了，便向摆放花盆的阳台望去，"啊，真好看！"看到盆中的含羞草，小薇惊喜得差点跳起来。

含羞草已经伸直了纤细的腰，长出了三片嫩绿的叶芽。那嫩绿的叶子在风中摇摆，仿佛一个小姑娘伸出手在向她召唤。小薇情不自禁地伸手抚摸它，它竟然害羞地收拢了叶子；过了一会儿，它又悄悄地将叶片伸展开来，真有趣！

从那天起，小薇每天都要给含羞草浇水，观察它的生长状况。含羞草几乎一天长出一片绿叶，每组叶子间都会长出两三个小花蕾。花蕾长到一两个星期，居然开出了紫红色的小球，椭圆形的花儿，没有花瓣，全是细细的蕊，像一个个好玩的小绒球！太可爱了！

一天林伯伯到小薇家串门，看到小薇养的含羞草，也很喜欢。林伯伯家里养了许多花，小薇缠着他讲讲含羞草的好处。林伯伯对小薇说："你知道吗？含羞草也叫'怕羞草''感应草'呢。含羞草的内心其实并不像它的外表那么柔弱，它还有许多被人们忽略的的价值呢。比如含羞草能够预测天气的阴晴变化。如果用手触摸一下，它的叶子很快闭合起来，张开时却很缓慢，这说明天气会转晴；如果触摸含羞草时，它的叶子收缩得慢，下垂迟缓，甚至稍一闭合又重新张开，这说明天气将由晴转阴或者快要下雨了。”

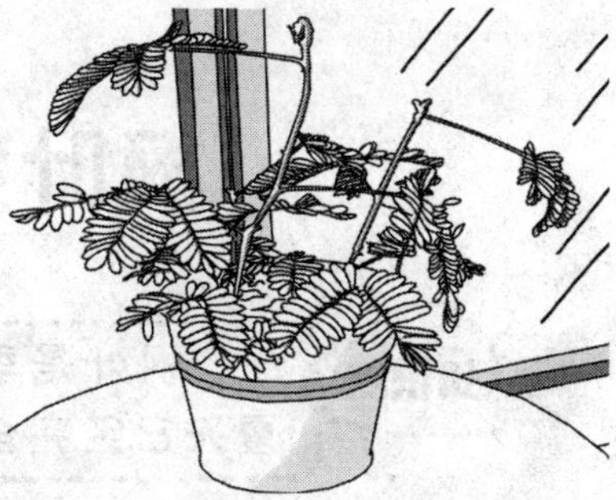

小薇看看窗外阴霾的天气，用手触摸了一下含羞草，发现它的叶子很快闭合起来，张开时却很缓慢，说：“林伯伯，这是不是说明天气会转晴呢？”

林伯伯微笑着说：“是啊，林伯伯再告诉你一个关于含羞草的秘密，它还能够预测地震呢。科学家研究发现，在强烈地震发生前的几个小时，含羞草的叶子会突然萎缩，直至枯萎。一般情况下，含羞草的叶子会在白天张开，夜晚合上；如果含羞草的叶子在白天合闭、夜晚张开，便是要发生地震的预兆了。”

小薇开心地说：“是真的吗，想不到含羞草还有这么大的本领呢。”

林伯伯说：“除此之外，含羞草还有药用价值呢。适合夏秋季节采撷，去净杂草，洗净晒干或鲜用。将含羞草根部泡酒服用或与酒一起煎服，可治风湿痛、神经衰弱、失眠等病症；如果将叶片捣烂，可敷治肿痛及带状疱疹等，具有止痛消肿的功效呢。”

小薇听了林伯伯的话，觉得这株弱小的植物更加美丽可爱了。

知识链接

含羞草外表文弱，适应能力却很强。喜欢温暖湿润的环境，在湿润的肥沃土壤中生长良好。一般生于山坡丛林中及路旁的潮湿地。喜欢阳光，现在多作为家庭观赏植物。

小实践 在家里养一盆含羞草，观察它的生活习性，使之顺利度过一个冬天。

枫叶红于二月花

知识点 枫叶是季节的红绿灯，它变红的时候，表示夏天已经完全止步，秋天已经来了。

炎热的夏天静静地走了，金色的秋天悄悄地来了。山野里，许多花儿已经凋谢，唯有枫叶一片火红灿烂。小琳和妈妈都喜欢红红的枫叶，每当秋天来临，红叶染红了山峦的时候，妈妈都会带着小琳去枫树林散步，一起观赏火红的枫叶，徜徉于那片红色的海洋。

在这“香山红叶红满天”的季节里，小琳又拉着妈妈一起去枫树林了。看啊，西山深处的那一片枫树林，就像是从天上飞来的彩霞。小琳转念一想，觉得它们不只像彩霞，还像燃烧的火炬，像憩息在枝头的红蜻蜓，像姑娘们羞红了的脸蛋儿。虽然枫叶的大小、浓淡有差异，却都是一样的美丽可爱。一阵微风吹来，那火红的枫叶仿佛又变成了一个个调皮的娃娃，在树妈妈的手臂上荡秋千，有的还趁树妈妈没注意溜下树去玩，在风婆婆的吹拂下翩翩起舞，又好似红衣仙女下凡般风姿绰约、美丽迷人。

小琳看到可爱的枫叶落在地上，有些心疼，就放开妈妈的手，小心翼翼地将枫叶捡起来。可是，地上的枫叶太多了，怎么捡都捡不完。小琳有些累了，就靠着妈妈坐在一棵大枫树下休息。

小琳观赏着手里的枫叶，轻声地问妈妈：“妈妈，为什么秋天的枫叶是红色的呢？”妈妈说：“小琳，妈妈以前给你讲过叶绿素、叶黄素、胡萝卜素的故事，你还记得吗？”

小琳拍拍脑袋，说：“哦，

我想起来了，妈妈以前给我讲过，因为植物的叶片里含有叶绿素、叶黄素、胡萝卜素等色素，这才使叶子呈现不同的颜色。枫叶是红色的，是什么色素在作怪呢？”

妈妈说：“有一种叫花青素的特殊色素，它是一种‘变色龙’，在酸性液中呈红色。到了秋天，气温降低，光照减弱，对花青素的形成有利，而枫树等红叶树种的叶片细胞液呈酸性，所以，整个叶片便呈现红色，所以秋天的枫叶就是红色的。”

小琳笑着说：“我明白了，原来是花青素在作怪呀！”

看着手中火红的枫叶，看着枫树火红的衣裳，看着这片火红的海洋，小琳和妈妈都特别兴奋，她们“诗兴大发”，朗诵起与枫叶有关的古诗来。小琳想起了白居易的一首诗，脱口而出：“浔阳江头夜送客，枫叶荻花秋瑟瑟。”妈妈想起了另一首诗，吟道：“停车坐爱枫林晚，霜叶红于二月花。”小琳又想起了一句，大声朗读道：“一重山，两重山，山远天高烟水寒，相思枫叶丹。”

火红的枫叶用她对大自然的热情、用她的生命装点了美丽的大自然，为我们的生活带来无限的诗意。小琳和妈妈陶醉在火红的枫树林里，迟迟不愿离去。

知识链接

枫叶还具有经济价值，尤其是糖枫和黑枫，本身就是熬制糖浆的上好原料。枫树液含糖量最高可达10%，一株枫树可连续产糖50年以上。

小实践 秋天，到枫树林里捡拾美丽的枫叶做书签，过一段时间观察枫叶的颜色有什么变化。

松柏常青的秘密

知识点 松树傲骨峥嵘，柏树庄重肃穆，且四季常青，历严冬而不衰，这是因为松柏树的叶子与其他树的叶子不同。

小松鼠一家住在一片树林里，那里有许许多多的树，有松树、水杉、柳树、杨树、槐树等。小松鼠很喜欢松树，一天到晚都在松树枝上跳来跳去的，好像永远也玩不累似的。

冬天快来了，天气一天比一天冷了，小松鼠也换上了一件厚厚的皮袄准备过冬，可是仍然喜欢在松枝上玩耍。一天，小松鼠在松枝上跳跃时，发现旁边的老槐树掉了一地的叶子，一阵强烈的北风吹来，老槐树抖动着身子，叶子飘落得更多了。小松鼠以为老槐树生病了，急忙跑回家，对松鼠妈妈说："妈妈，槐树爷爷病了，我们快去找啄木鸟医生帮槐树爷爷看病吧！"

松鼠妈妈让小松鼠别着急，慢慢说。当松鼠妈妈了解到事情的来龙去脉后，微笑着对小松鼠说："好孩子，槐树爷爷没有生病，槐树爷爷落掉叶子就是为了过冬呀。"

小松鼠听了妈妈的话很吃惊，问道："妈妈，树木过冬就要掉叶子吗？可是松树伯伯为什么就没有掉叶子呀？"

松鼠妈妈抚摸着小松鼠的脑袋说："树木落叶是一件大事，就是为了可以更好地过冬。”

小松鼠听了妈妈的话，微微地点了点头，但仍然一脸疑惑。

松鼠妈妈看见小松鼠仍有疑惑，就带小松鼠到松树下，让她看看松树的叶子与一般的叶子有什么不同。小松鼠仔细看了看说：“别的树叶子大，有的像手掌，有的像扇子，松树的叶子又细又小，像一根根针似的。”妈妈拍拍小松鼠的头说：“宝贝，你观察得很仔细哦！秋天到了，气候变得越来越冷了，空气也变干燥了，土壤里的水分也少了，但是树叶的生长需要蒸发掉大量的水分。这可怎么办呢？树木很聪明，它们想了一个办法，就是在入秋后纷纷落下叶子，这样就可以减少树木中水分的消耗啦！但是松树的叶子很细，消耗不了多少水分，又能抵抗寒冷，所以松树不容易落叶，人们叫它常青树。”

“妈妈，松树的叶子真的永远都不落吗？”小松鼠眨着眼睛问。

“宝贝，其实松树的叶子也是要衰落的，只不过松柏树的叶子生长期长，可生活三至五年，一般要在新叶生发以后，老叶才次第枯落，这样看起来就像没有落叶一样，所以给人以冬夏常青的感觉。”松鼠妈妈又补充道。

小松鼠听了高兴地说：“原来树木的叶子里还藏着这么多的学问呀！”松鼠妈妈微笑着对小松鼠说：“每一类物种都有自己生存的法则，大自然有很多的秘密，但大自然又是有规律的，违背了规律就要受到

大自然的惩罚。”小松鼠听了妈妈的话，用力地点点头说道：“妈妈，我再也不乱扔垃圾、乱摘花朵、攀折树枝了，我会好好爱护大自然的！”松鼠妈妈会心地笑了。

知识链接

子曰：“岁寒，然后知松柏之后凋也。”意思是说，到了一年中最寒冷的季节，这才知道松树和柏树是最后才凋谢的。比喻修道的人有坚忍的力量，可以耐得住困苦和折磨。

小实践 和伙伴们一起到松林里捡松果，听松涛的声音吧。

相册里的大榕树

知识点 城市扩建使许多村庄消失了，许多村庄里的大树也消失了。多年后，这些消失的村庄和大树依然留在人们美好的记忆里。

2031年一个周日的上午，小雨的妈妈正在家里进行卫生大扫除。妈妈拿着一个精巧美观的遥控器，简单地按下几个键之后，机器人就开始拖起地来。这时的小雨正在书房里面整理书籍。整理书桌的时候，小雨发现了一本旧相册，那有点泛黄的相册封面深深吸引住了小雨。这时，妈妈走到房间来，看到小雨手里的相册，笑眯眯地走到小雨旁边坐下来，说："小雨，看什么呢？""妈妈你看，好漂亮的大树啊！我怎么从来没有见过呢，这是什么树啊？"小雨满脸疑问地望着妈妈。

照片上有一棵伞状的巨大的树，树底下站着两个扎着冲天辫的女孩子，天是那么的蓝，树是那么的绿，女孩子的笑窝是那么的甜美，真是一幅美妙的画面啊！

"这是妈妈小时候生活过的村庄，村口有一棵大榕树……"这张照片将妈妈的记忆拉回到了三十年前。那时候，妈妈还是一个七八岁的孩子，村口的大榕树下有一个碾谷子的磨盘，那里是孩子们经常玩耍的地方。榕树的主干很粗，要两三个人才能把它抱拢。听村里的老人们说，这棵大榕树已经有上百年的历史了，它见证了一个

小村庄近百年的成长历程。妈妈很小的时候，最喜欢和小伙伴们一起在榕树下做游戏，藏猫猫，或仰头看着美丽的蓝天白云发呆。有时候还会和小伙伴们爬上高大的榕树，坐在上面可以看到小村庄的全貌。春天在树下追赶打闹，夏天靠着大树乘凉，秋天在堆得高高的落叶上打滚，冬天在树下堆雪人打雪仗……然而美好的日子总是过得很快，没过多久因为临近城市扩建，大榕树被无情地砍掉了，小村庄也融入城市规划里，小村庄和那棵巨大的榕树转眼就消失了。”

小雨无法想象妈妈描述的关于村庄和榕树的场景。望着窗外一栋栋高大的楼房，一条条并不宽阔的街道上挤满了来来往往的车辆和行人，灰蒙蒙的天空被高楼切割成一小块一小块的，小雨有些茫然地想，晴空万里、蓝天白云这些词都是怎么来的呀？炎炎夏日在高大的榕树下乘凉会是什么感觉呢？

知识链接

榕树原产于亚洲热带地区，以树形奇特、枝叶繁茂、树冠巨大而著称。其支柱根和枝干交织在一起，形似稠密的丛林，因此被称为“独木成林”。榕树四季常青，姿态优美，具有较高的观赏价值和良好的生态效果，广泛分布于我国南方各地。

小实践 想象一下小雨妈妈生活过的村庄，画一幅孩子们在村口大榕树下愉快玩耍的画儿。

千奇百怪的树

知识点 大自然中有许多奇怪的树，它们分布在世界各地。但是乱砍滥伐使许多珍贵树种濒临灭绝。

杰克是一个伐木工人，每当砍倒一棵树木的时候，他都会有一种犯罪感，就像自己亲手杀死了一个地球的卫士。随着时间的推移，一片片的森林在他的眼前消失。但是为了生计，杰克不得不做这份让自己厌恶的工作。

今天，杰克一共伐倒了五棵树木，晚上回到家时已经疲惫不堪。妻子已经做好了饭，小艾莉正坐在书桌前做作业。

看到爸爸回来，艾莉急忙跑过来问道："爸爸，能给我讲讲树有哪些种类吗？我们明天生物课讨论的主题是：世界上有哪些千奇百怪的树。"

杰克看着艾莉渴望的眼神，说："树的种类很多很多，千奇百怪的也不少呢，有裙子树，唱歌树，面条树，吃人树，牛奶树……好多好

多呢。”爸爸用沙哑的声音说。

“哇，吃人树，会吃人吗？生活在哪些地方呢？”艾莉有些惊恐地问。

“吃人树生长在印度尼西亚的爪哇岛上，长有许多又长又细的枝条，当人或其他动物不小心碰到枝条时，所有的枝条都要伸过来，把人或动物紧紧缠住，树干和树枝还会分泌出一种很黏的胶液，把人或其他动物牢牢地粘住，置于死地。”爸爸说。

“那唱歌树真的会唱歌啊？树是怎么唱歌的呢？”艾莉一边记录爸爸的话，一边好奇地问。

“唱歌树是生长在非洲的一种柳树。风一吹，树叶彼此碰击后就会发出清脆如琴声的音响。这是因为它的树叶纤维组织很密，如玻璃一般，一经碰击就会发出悦耳的声音。当地的人们常常去欣赏它们的演奏呢。”

“哇，原来树还能唱歌呀。裙子树是咋样的啊？难道是会长出漂亮的裙子吗？”

爸爸笑笑说：“嗯，真的可以穿，但是没你的裙子漂亮哦！裙子树生长在非洲，裙子树的叶子排生在一条条紫褐色的叶茎上，像接起来的布条，光洁柔软不易折断，当地人将它作裙子穿，既凉快又可以防毒虫咬。”

这时妈妈走过来说：“奇怪的树多得很呢，以后让你爸爸慢慢给你讲吧，乖孩子，爸爸累了，我们先吃饭，好不好？”

艾莉意犹未尽地向饭桌走去，忽然想起一件事来，说：“爸爸，你是伐木工人，一定也伐过许多奇怪的树吧？现在的树种越来越少了，大家都在倡导保护树木，爱护环境，你就换一个工作吧，就算是为了环保做出点牺牲。无论您做其他的什么工作，哪怕做环卫工人，我和妈妈都会支持您的！”

杰克深思了良久，终于鼓起勇气说：“我决定了！我不再干伐木这个工作了！”

知识链接

猴面包树属木棉科植物，树干高不过20米左右，树冠直径却可达50米以上。由于它看上去活像个大胖子，因此当地居民又称它为“大胖子树”“树中之象”。

小实践 观察你生活的周围环境，不同的树种有哪些不同的特点呢？

郊外的向日葵

知识点 向日葵每天用灿烂的笑容迎接太阳，有向日葵的地方就有阳光，就有希望。向日葵为什么每天都围着太阳转呢？

炎炎夏日，灿烂的阳光照耀着大地，向日葵也朝着太阳的方向开出了金色的花朵，像一个个圆圆的小托盘，又像一张张金黄色的小伞。

周末，小林带上写生本，爸爸带上一架专业的照相机，一起骑自行车来到郊外。他们看到一大片金黄色的向日葵在微风中轻轻摇摆，像一片金色的海洋，开心极了。

“爸爸，向日葵为什么要跟着太阳转呢？”小林一边写生，一边问。

爸爸说：“这是因为向日葵的生长素在阳光的照射下，背光的一面含量升高，刺激背光面的细胞拉长，从而慢慢地向太阳转动。在太阳落山之后，生长素重新分布，又使向日葵慢慢地转回起始位置，也就是东方。”

“那向日葵一直这样转动，脖子会不会酸啊？我看有些向日葵的脖子有点弯曲呢。”小林调皮地问。

爸爸笑了，他拍了拍小林的脑袋，说：“其实向日葵的花盘一旦盛开后，就不再向着太阳转动，而是固定地朝向东方了。向日葵的花粉怕高温，固定地朝向东方，可以避免正午阳光的直射，减少辐射量……”

小林的写生本上，已经画好了三株可爱的向日葵。突然，他发现不远的地方有几株向日葵垂着头，枝干弯曲，好像生病了。小林放下笔，走进去一看，向日葵的枝干上长满了黑色的小虫子。

小林指着枝干上的小虫子，大声问正在拍照的爸爸，说：“爸爸你看，这些虫子使向日葵生病了。”

爸爸说：“没错，这些小虫子是蚜虫，是危害向日葵的害虫，如果不把它们消灭掉，这一片向日葵可能就会枯萎而死。”

小林听到这个消息有些着急。爸爸说：“没事，用点除虫子的药就可以了。”

第二天，小林带着除虫剂来到那几株生病的向日葵所在的地方，他仔细地把药抹在有虫子的枝干上，而不是一股脑儿洒在上面。因为爸爸说，这些药会污染土地，为了不让药物污染土地，小林就一株株地往向日葵的茎干上抹药。

抹完了药，他高兴地对向日葵说：“不要怕，亲爱的朋友，你们一定会继续开着灿烂的花朵，给大地奉献一片金色的风景。”

伴着美丽的夕阳，一阵微风吹过，向日葵摆动着它们金色的花朵，愉快地对小林点头，好像在说“谢谢”。

知识链接

著名画家凡·高创作了大量描绘向日葵的作品，其中很有名的一幅作品是《向日葵》。凡·高笔下的向日葵不仅仅是植物，而且是带有原始冲动和热情的生命体，让观者的心灵为之震颤。

小实践

找一株向日葵，研究一下向日葵的种子、花盘、茎叶、茎髓、根和花，它们都有哪些经济价值和药用价值？

神奇的树木年轮

知识点 树木的年轮可以帮助我们了解树木的年龄，还会记录当地气候变化的情况和大气污染的状况。年轮是不是很神奇呢？

一个阳光明媚的下午，小林和爷爷正在兴致勃勃地爬西山。小林看到山坡上有一棵被伐倒的树，树桩上有许多的同心圆，像是用铅笔画上去的，觉得很有趣。他好奇地问爷爷："爷爷，这就是树木的年轮吧？它是怎么长出来的呢？"

爷爷年轻时曾经在林业公司工作过，树木方面的知识非常丰富。爷爷说："年轮是树木在生长过程中受季节影响形成的，一年产生一轮。从树木主干的年轮，我们可以了解这棵树的年龄。就像每过一年，我们每个人都要长大一岁一样，树木也是每过一年，就会有一道年轮刻在树木的主干上。"

小林说："哦，爷爷，我明白了。年轮就像一个历尽沧桑的老人脸上刀刻似的皱纹。年轮记录着一棵树经历了多少春夏秋冬，多少风霜

雪雨。”

爷爷点点头说：“是啊，年轮是一部天书，它里面藏着好多的奥秘呢。你仔细观察一下不同的树木，它的年轮有什么区别呢？”

小林跑着看了几个树桩，说：“爷爷，我发现树木的年轮有的又宽又疏，有的又窄又密，这是为什么呀？”

爷爷有些热了，他脱下外套说：“一般来说啊，如果是光照充足、气候温和、风调雨顺的年头，年轮就会长得宽疏均匀一些；如果气候寒冷，雨量少，气候恶劣，年轮就会长得狭窄一些。所以，年轮不仅反映了木材每年的生长情况，还记录了当地气候变化的情况呢。”

小林感叹说：“大自然可真神奇啊！爷爷，年轮还有哪些神奇的地方啊？”

爷爷说：“年轮还能反映出当地大气污染的情况呢。当大气受到污染时，年轮里就会贮藏污染的物质。比如在开采各种金属矿床时，大气中飞扬着这种金属的尘埃，被树叶吸收了，落到土壤中又被树根吸收了。有的金属冶炼厂或加工厂附近的大气中，飞扬着金属尘埃，也被周围的树木吸收了。这些金属尘埃被树吸进去是跑不掉的，它被输送到年轮里累积起来。通过测算年轮里历年积累下来的重金属的含量，就可以测知该矿厂对大气污染的程度。还有，当硫化氢、氟化氢

等有毒气体污染大气时，如果被松树、杨树、夹竹桃吸收，也会很快在年轮上留下被它腐蚀的烙印。根据烙印，人们可以测知空气污染程度。”

小林感叹道：“看来，大气污染的罪证都在年轮里被保存了下来，它想赖也赖不掉。年轮真了不起啊！”

知识链接

通过对年轮的分析，可以获得几百年甚至几千年的气候变迁规律，甚至可以依据年轮来预测未来气候的变化，作长期的气候预报。美国科学家根据对年轮的研究，发现美国西部草原每隔11年发生一次干旱，并应用这一规律正确地预报了1976年的大旱。

小实践 找一棵被伐倒的树木，观察树木的年轮，推断树木的年龄、当地气候和大气污染的情况。

草木的喜怒哀乐

知识点 美国的测谎专家克里夫·巴克斯特无意中发现了一个举世震惊的秘密：草木居然也有自己的喜怒哀乐。

小枫从书店买了一张碟子，回家后就装到电脑里看了起来。这张碟子的内容一开始就吸引了他的兴趣，主持人说："美国的测谎专家克里夫·巴克斯特一时心血来潮，竟无意中发现了一个举世震惊的秘密：草木居然也有自己的喜怒哀乐。"

小枫想："动物才有喜怒哀乐啊。草木是植物啊，怎么会有喜怒哀乐呢？"带着好奇，他继续看下去。

主持人说："当时巴克斯特无意中把测谎器的电极连在了龙舌兰的叶子上，当给龙舌兰浇水时，他惊奇地发现，电流计图纸上出现了一堆倾斜向下的锯齿形的图形。这是什么意思呢？巴克斯特决定再做几次试验，巴克斯特在脑中设想了一下烧掉龙舌兰的叶子，就在这一瞬间，他发现图纸上突然有一道上扬的线。可是巴克斯特没有动啊，难道龙舌兰知道他的想法？当巴克斯特取回火柴准备烧叶子时，图纸上的线又出现了一次上升，于是他放弃了烧叶子，这时图纸上的线下降了。后来，巴克斯特假装要烧叶子，这一次龙舌兰似乎知道这是个玩笑，图纸上也没有什么反应。巴克斯特为自己无意中的发现而惊奇不已，后来他继续对 25 种植物做实验，都有类似的反应，这一切给科学界带来轰动效应。”

小枫越看越感兴趣，一张碟子看完了，他换上另一张碟子，继续看。

“植物似乎还能记忆，巴克斯特做了一个实验，让六人中的一人去毁掉两株植物中的一株，然后把测谎器连上活着的那株植物，当‘凶手’走过时，电流计拼命波动起来。巴克斯特还发现，植物和培养者之间可建立特殊的感情和共鸣。有一次他上街时，随时记下自己的走、跑甚至和人吵架的时间，回去后发现培育的三株植物都产生了与之相对应的微妙反应。植物怎么会像人一样思考、分析呢？这其中有什么原理呢？目前众说纷纭，但有一点似乎可以确定，那就是植物也有感觉。既然这样，我们又有什么理由摧毁绿色生命呢？”

“啊，真是太神奇啦！”小枫感叹道，“如果我们毁坏植物，它们必然也会有身体疼痛的反应，我一定要把今天看的内容讲给班上的同学听，让他们懂得爱护绿色生命！”

知识链接

“草木有本心，何求美人折”出自唐朝诗人张九龄的诗《感遇》。意思是：这一草一木是有自己的本心的，它们并不需要美人来折取它，而求得别人的欣赏。

小实践 找来一些植物的树枝和叶子，通过实验观察它们在不同情况下的变化。

芳香的植物

知识点 我们的日常生活用品中有一些是添加了香料的，比如牙膏、香皂、蚊香等，这些香料大部分来自于芳香的植物。

小熊正在用草莓味的牙膏刷牙，它一边刷牙一边说："这种牙膏好香啊！"

小猴正在用熏衣草制作的香皂洗手，它一边洗手一边说："这种香皂好香啊！"

小兔正在用宝宝霜擦脸，它一边擦脸一边说："这种雪花膏好香啊！"

小熊、小猴、小兔都觉得奇怪，为什么牙膏、香皂、宝宝霜会散发出香味呢？难道是谁在它们身上施了魔法吗？为了搞清楚原因，它们决定去拜访被动物们称作"百科全书"的大象伯伯。

大象伯伯听了它们的疑问后，笑呵呵地回答说："没有谁在它们身上施魔法。其实啊，我们的日常生活用品中有一些是添加了香料的，比如牙膏、香皂、护肤霜、雪花膏、蚊香、洗发水等，还有糖果、糕点、冰棍、汽水、冰激凌和花茶里都含有香料，甚至制造香烟、铅笔、橡皮也离不开香料，这些香料大部分来自于芳香的植物。"

小熊、小猴、小兔异口同声地说："芳香的植物？就是能散发香味的植物吗？"

大象伯伯说："是啊。一些植物的花朵不但有美丽的花冠，而且有芬芳的气味，这是因为花瓣的一些细胞中含有挥发性的油脂叫'芳香油'。不管什么植物，所分泌的芳香油都带有气味，所以我们说这些植物是芳香植物。"

小熊眨巴着两只黑黝黝的大眼睛，好奇地问："大象伯伯，那您能向我们详细介绍一下这些芳香植物的奥秘吗？"

大象伯伯捋捋胡子，若有所思地说："我国是世界上种植芳香植物最多的国家。据统计，全国已知的香料植物共有350多种。目前，用于生产的约有一百多种。茉莉花的花瓣香味极浓，主要用于熏制花茶。玫瑰多用于食品、酿酒、医药及制作高级香料。留兰香是牙膏、食品、医药、烟草的重要原料。桂花、熏衣草是高级化妆品及香皂的重要原料。樟树提取的樟脑，是医药工业的重要原料。八角茴香是我国特产的香料，用于烹调和提取芳香油。"

小兔抽抽鼻子，说："哎，大象伯伯，听你这么一说，我好像闻到了植物的香味了呢！不知道是玫瑰还是茉莉的香味呀，反正很香哦！"小动物们都哈哈大笑起来。

大象伯伯继续说："在我国众多的香料植物中，樟脑油、八角茴香是产量最大的，占世界总产量的80%，而肉桂、薄荷、茉莉则是我国的特产呢。近20年来，我国还从国外引进了一些芳香植物，如熏衣草、檀香树、香荚兰等。目前，我国从植物中提取的芳香油可达200多种，如八角油、丁香油、桂皮油、香草油、柠檬油、熏衣草油等。”

小熊、小猴、小兔齐声说：“原来芳香植物有这么多的好处呀，它们真是我们的好朋友啊！”

知识链接

早在1600多年前，劳动人民就懂得用水煮法提取某些香油料。民间早就懂得用桂花炮制美酒，用桂皮做调料，用鲜姜做菜和医治风寒、感冒等症，用艾叶燃烟驱虫等。

小实践 找来一些含香料的日常生活用品，看一下它们的说明书，判断它们是什么植物的芳香油制成的。

神奇的景天植物

知识点 景天植物具有耐寒、耐旱、耐贫瘠的特点，即使种在干旱的沙地上，不浇水，不施肥，也可以长得很好。景天不仅可以绿化环境，还具有一定的药用价值。

春日的午后，小米来到周阿姨的楼顶花园里，看到阿姨正在侍弄她种的那些花花草草。周阿姨每天将洗菜、淘米用过的水来浇花，还经常给盆栽的花草施肥、松土。

周阿姨的花园里有木槿、木棉、桂花、海棠、牵牛、杜鹃、月季、芭蕉等各种各样的花，花盆的空余处还种点青葱、小白菜、红辣椒什么的。这些花有的在春天开花，有的在夏天开花，有的则在秋天或冬天开花。小米非常喜欢这个花开四季的楼顶花园，每天都要来看看。

最近小米在花园里发现了一种以前没见过的植物，叶子是长长的椭圆形，开的花白中带红，一簇一簇的，非常好看。小米问周阿姨："阿姨，这是什么花呢，我以前没见过呢！"

周阿姨一边给花儿松土，一边介绍说："这种植物的名字叫景天，它的种类很多，全世界约有400多种，常见的有佛甲草、黄花万年草、太阳花、红景天、瓦松等。这类植物的共同特点是耐寒、耐旱、耐贫瘠，即使种在干旱的沙地上，不浇水，不施肥，也可以长得很好。有位专家做过实验，把景天种在花盆里，七八个月不浇水，可是景天还是活着，只是不长个儿了；如果把景天连根拔出来扔在一边放几天，景天还是不会枯死，你看景天的生命力多顽强啊！”

小米惊奇地说：“不浇水、不施肥也可以长得好，真不简单啊，如果一个人不吃饭、不喝水早就受不了了。”

周阿姨说：“在2008年北京奥运会举办的时候，景天还是屋顶绿化的首选植物呢！景天还是一味中药，它清热败火，可以治头痛、寒热、眼肿等疾病呢。在韩国，还有人用景天来做凉菜呢！”

小米好奇地说：“原来这种植物有这么多好处啊，那我也要去买一盆回来。”

周阿姨托起一个小花盆对小米说：“这个就送给你了，你拿回去养着吧。但是一定注意，这种植物喜欢阳光充足、干燥通风的环境，浇水不宜过多，要等盆土表层完全干燥后再浇水，在七八月空气湿度大的雨季，应该严格控制浇水。一般不需要施肥，冬天可以将盆移到屋里。”

小米接过花盆，开心地说：“谢谢周阿姨，我一定会好好照顾它的！”

知识链接

景天可以治头痛、寒热、眼肿等疾病。还可以用来做美味的菜肴，凉拌黄花万年草是韩国国宴必备的养生凉菜。

小实践 到植物园去辨认一下景天植物，说说它们的种类。

一棵枯树的价值

知识点 一棵枯树为动物提供了养料，成为许多小昆虫的家，枯树的价值得到了充分合理的循环使用，对森林的生态起着非常重要的作用。

暑假，小杰和爸爸、妈妈跟随旅行社到河北小五台山游玩。据导游讲，小五台山是河北省最高山峰，古称“倒刺山”，因有东、西、南、北、中五座高峰，俗称五台；又因比五台山低，故名小五台山。小五台山的植物种类繁多，有六百多种，多为夏绿阔叶林，植被的垂直变化很明显，海拔两千米以下依次是蒿草草甸、亚高山灌丛、针阔叶混交林、次生灌草丛、农作物区。动物资源也很丰富，有褐马鸡、响尾蛇、金钱豹、麝、貉、黄鼬等动物。山谷中一般都有溪流，常形成急流瀑布。林木葱茏，峰峦叠嶂，蔚为壮观。山上还有许多古建筑的遗迹。

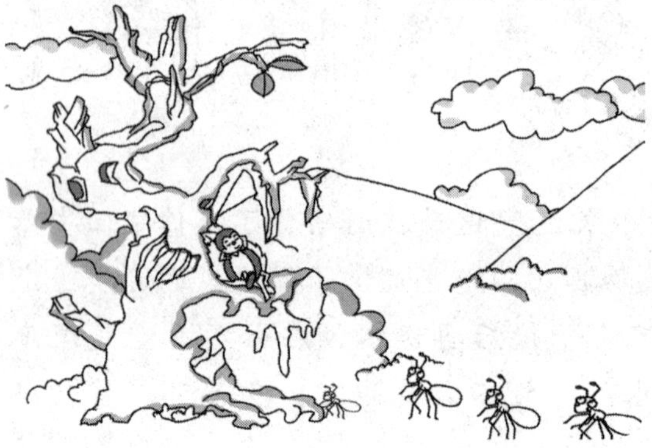

在深深的峡谷里，小杰和爸爸看到了许多被当地人称为“风倒木”的枯树，躺在那里，有点不太美观，可是也没有人来清除。

小杰问导游叔叔，这里是风景区，为什么管理员不将这些枯树清除掉呢？导游说：“这可是小五台山的小型野生动物园，不能清除。”说着导游走到其中一棵枯树旁，掰开树皮，发现里面有不少虫子。

导游给大家介绍说：“你们看到了吗？一棵树死了之后，就会有许多小昆虫、蜗牛、蜈蚣等驻扎在树里面，把这里当成它们的家。蛇、蛙和鸟儿为了吃这些虫子，也会来到这里。一些菌类会在枯树里面生长起来，这样就会招来爱吃蘑菇的野老鼠和野兔子。野老鼠和野兔子在吃蘑菇的时候不仅能把菌类孢子传播到各处，而且还会招来猫头鹰、黄鼠狼这些吃它们的动物。”

爸爸悄声对小杰说：“这些动物之间就形成一个食物链的关系，明白吗？”小杰点点头，听导游继续往下讲。

导游继续说：“腐朽的枯树最后渐渐变得像粉末一样，分解成土壤中的有机物，许多植物的种子就以此为肥料成长起来。所以说，一棵枯树全身都化为有用的营养，为许多动物提供了养料，养育了无数的生命，使森林原有的资源不致流失，而是得到了充分合理的循环使用，对整个小五台山森林的生态起着非常重要的作用。所以这些枯树不仅不能清除，还要很好地保护利用，变废为宝。让它们倒在地上保持原样，就是对森林生态最好的保护。”

小杰听了导游的讲解，觉得很有道理。再看这些枯树，已经不觉得难看了，反而觉得它们与那些绿意葱茏的树木形成鲜明的对比，为小五台山增添了一种特别的景致呢。

知识链接

食物链又称为“营养链”，指生态系统中各种生物以食物联系起来的链锁关系。例如池塘中的藻类是水蚤的食物，水蚤又是鱼类的食物，鱼类又是人类和水鸟的食物。于是，藻类—水蚤—鱼类—人或水鸟之间便形成了一种食物链。

小实践 和小伙伴一起到郊区山林里观察一棵枯树，看看它的周围都有哪些昆虫在那里安家。

“海岸卫士”红树林

知识点

红树林是优良的防浪护岸林，被公认为“海岸卫士”。在中国，红树林主要分布在海南岛、广西、广东和福建等地。

晚饭后，小米和爸爸正在看电视，电视里正在回放2004年末的印度洋大海啸。这次大海啸发生在印度尼西亚的苏门答腊外海。海啸袭击了斯里兰卡、印度、泰国、马尔代夫等国，造成三十余万人丧生。突然，画面切换到一片枝繁叶茂的植物，主持人介绍说，这次海啸中它们引起了人们的极大关注，这就是红树林。

原来这是一个介绍红树林的专题片。小米听说红树林和海啸有关系，急迫地要继续看下去。因为外婆家就住在三亚的海边，阳光、沙滩、海浪、仙人掌、老船长……小米打算暑假去外婆家看大海呢！

主持人说，红树林生长在热带、亚热带的海滩上，由海桑、海莲、白骨壤等十多种树木组成。红树林一般生长在淤泥沉积的海岸和海湾，它们不怕盐水浸泡和海浪的冲刷，用强大的根系紧紧抓住海滨滩涂。红树林盘根错节的发达根系能有效地滞留陆地的来沙，减少近岸海域的含沙量；茂密高大的身躯宛如一道道绿色长城，能有效地抵御风浪的袭击。

这时电视上的画面切换到海啸的场景。主持人介绍说，1958年8月23日，一场罕见的强台风向厦门沿海登陆，产生了强大而凶猛的风暴潮，几乎吞没了整个沿海地区，人民的生命财产损失惨重。但在离厦门不远的龙海县角尾乡海滩上，那里生长着高大茂密的红树林，所以该地区的堤岸安然无恙，农田村舍也没有受到多少损害。1986年广西沿海发生了百年未遇的特大风暴潮，合浦县398公里长海堤大部分被海浪冲垮，但凡是堤外分布有红树林的地方，海堤就不易冲垮。许多群众认为红树林是他们的“保护神”。

看到这里，小米感叹道：“红树林可真是勇敢的卫士啊！”爸爸也正看得入神，他对着小米“嘘——”了一声，爷儿俩继续往下看。

主持人说：“红树的凋落物通过食物链转换，为海洋动物提供良好的生长发育环境，同时，红树林区也吸引了深水区的动物来这里觅食栖息，生产繁殖。由于红树林生长于亚热带和温带，并拥有丰富的鸟类食物资源，所以红树林区是候鸟的迁徙中转站，也是各种海鸟觅食栖息、生产繁殖的场所。

看完专题片，小米对爸爸说：“红树林可真神奇啊，爸爸，今年暑假，我们到海南去看外婆，一起去看看红树林好吗？”

爸爸说：“好的，放了暑假，我们一家人到海南旅游，去看看“海岸卫士”红树林！”

知识链接

红树林的药用价值也很高，如木榄和海莲类的果皮可用来止血和制作调味品，它的根能够榨汁，是生产贵重香料的重要原料。

小实践 如果有到海南岛旅游的机会，去看看海南岛海滩上的红树林吧。

能吃动物的植物

知识点 有一些植物能够分泌出黏液，昆虫被这种黏液粘住，就被植物“吃”掉了，如猪笼草、孔雀捕蝇草、毛毡苔等。

小米最近看了一本科普方面的书，其中有一章给她留下的印象特别深刻，这一章介绍的是能吃动物的植物。今天她约了露丝一起到公园玩耍，她决定带上这本书，和露丝一起分享。

这是一个很大的森林公园，里面有大片的草坪，各种各样的树木，还有一汪碧绿的湖水，几处休闲的凉亭。小米和露丝在公园里走了一会儿，看到有人在放风筝，有人在打羽毛球，有人在跑步，也有人带着孩子在山坡上做游戏。风景优美，人也开心。小米和露丝找到一个清静的地方，那里有一片树荫，她们铺上自带的防潮垫，拿出课外书，一起看起来。

小米拿出最近看过的那本科普书，翻到她最感兴趣的那一章，指着上面的图文说：“露丝，你看，这里介绍的植物可有意思了，它们能吃动物呢！”

露丝流露出惊讶的表情，说：“真的吗，这世界上真的有能吃动物的植物吗？”

两个小脑袋凑到一起看书，忍不住读出声来：“在我国的云南、广东等南方各省，有一种绿色的小灌木，它的每一片叶子尖上，都挂着一个长长的‘小瓶子’，上面还有个小盖子。这小瓶子的形状很像南方人运猪用的笼子，所以人们给这种灌木取了个名字，叫‘猪笼草’。这个小瓶子可奇妙了，它的内壁能分泌出又香又甜的蜜汁，贪吃的小昆虫闻到甜味就会爬过去吃蜜。也许就在它吃得正得意的时候，突然脚下一滑，一头栽到了小瓶子里。昆虫被小瓶子里的黏液粘住了，就再也爬不出来了，于是猪笼草得到了一顿美餐。用瓶状的叶子捕食昆虫的植物很多，在印度洋中的岛屿上就发现了将近40种。那些奇怪的‘瓶子’有的像小酒杯，有的像罐子，还有的大得简直像竹筒，小鸟陷进去也别想飞出来。”

“哇，太有趣了，”露丝说，“以前只知道动物会吃植物，没想到还真有会吃动物的植物呢！”

小米说：“是啊，这世界上的动物植物可真奇妙！继续看，下面还有更精彩的呢！”

“孔雀捕蝇草是18世纪中叶在美洲的森林沼泽地里被发现的，由于长得美丽，人们给它起了这样一个漂亮的名字。孔雀捕蝇草的叶子是长形的，很厚实，叶面上有几根尖尖的绒毛，边缘上还长着十几个轮牙，每片叶子中间有一条线。昆虫飞来的时候，触动了叶子上的绒毛，叶子马上沿着中线折叠起来，边缘上的轮牙一个间一个地咬合在一起，咬得牢牢的，然后分泌出黏液来把昆虫消化掉。昆虫被‘吃’完了，叶子又重新打开，等待新的食物。”

小米和露丝津津有味地看着书上的文字和插图……天色渐渐地暗下来了，她们要回家了。在回家的路上，她们还在意犹未尽地谈论着这些奇怪有趣的植物。

知识链接

植物一没有牙齿，二没有胃，怎么能“吃”掉昆虫呢？这里有个秘密：其实这些植物分泌出来的黏液都和动物的消化液差不多，能够分解小动物体内的蛋白质。实验证明，这些“吃”虫植物的消化能力几乎赶上了动物的胃。

小实践 观察一下你生活的周围的植物，有没有能吃动物的植物呢？

第2章

动物的争鸣

倒着睡觉的“小黑侠”

知识点

蝙蝠喜欢倒挂在树枝或岩壁上睡觉，猫头鹰喜欢睁着眼睛睡觉。它们都吃害虫，是人类的好朋友。

很久很久以前，在猫头鹰和蝙蝠还没有成为好朋友的时候，虽然它们都是夜间活动、白天睡觉的动物，不过猫头鹰总喜欢嘲笑蝙蝠睡觉的姿势：“小黑侠，你不光长得难看，睡觉的姿势也很难看哦！你这样头朝地脚朝天地倒挂着，就不怕脑充血吗？”

“你居然说我睡觉的姿势难看，也不看看你自己是怎么睡觉的，睁着眼睛站在树上，想要吓死人呀！”小蝙蝠也不甘示弱，立马开始揭猫头鹰的短了。

“站直了睡觉可以长得高呀，这是我妈妈跟我说的。”猫头鹰得意洋洋地回答道。

没想到它话音刚落，小蝙蝠就哈哈大笑起来：“你以为自己是什么呀？是人类吗？笑死我了！只有人类的小朋友站得直直的才会长高，你是一只猫头鹰呀，再怎么长，也长不高的！”

“你胡说！”小猫头鹰生气地说。虽然它心里也觉得小蝙蝠说的话似乎有点道理。

正当它们两个争辩得不分高下的时候，天空中突然划过一道闪电，紧接着就是阵阵滚雷发出的巨响，看样子快要下雨了。

小蝙蝠找到一个比较粗壮的树枝，用自己锋利的爪子牢牢地抓住了树枝的下面，倒挂着身体开始睡觉了。小猫头鹰也迅速地找到了一处树叶密集的枝干，站在上面开始休息了。就这样，它们各自安静地进入了梦乡。

晚上，大雨如期而至。雨太大了，密集的树叶和宽大的枝丫都没有办法阻挡雨水，小猫头鹰的羽毛被淋得湿答答的，小蝙蝠的脸上也沾满了水滴。蝙蝠觉得这样不舒服，它想起离这不远的地方，有一个温暖的山洞，就决定转移睡觉的地点了。睡眼蒙眬中，它看到小猫头鹰身上也是湿漉漉的，就叫醒小猫头鹰，一起到山洞里避雨。

雨越下越大，到了后半夜，山洞里的地面上也有一层积水了，站在水里面的小猫头鹰羡慕地看着“挂”在岩壁上的小蝙蝠舒服的样子，忽然明白了，原来，不管什么样的睡觉姿势都有独一无二的优势，自己没有任何理由嘲笑别人的。

第二天清晨，雨过天晴了，山洞外面升起了一道漂亮的彩虹。彩虹下面的一棵大树上，并肩站着两个好伙伴。不用多说，大家一定猜出来它们是谁了吧？

知识链接

蝙蝠粪具有清热、明目、去火之功效，堆积时间越久药用价值越高。在我国河南省西峡县曾发现过一个溶洞，洞内蝙蝠的粪便堆积有两米多厚，有上百年的历史，被称为“夜明砂”。

小实践 画一幅画，画面是树林里一只倒着睡觉的蝙蝠，一只站着睡觉的猫头鹰。

毛毛虫破茧成蝶

知识点 蝴蝶的蜕变要经历四个过程，这个过程漫长而痛苦，在经历过种种困难和不断的变化之后，美丽的蝴蝶才能破茧而出。

太阳暖暖地照着大地，花骨朵儿们舒展开了美丽的花瓣，小草们自由自在地随风摇曳。森林里，小动物们兴奋地你追我赶，欢呼雀跃。只有小毛毛虫孤孤孤单单的，耷拉着脑袋待在一旁。

“蜻蜓姐姐，我好无聊呀，可以和你说说话吗？”小毛毛虫对正在晒太阳的蜻蜓说。

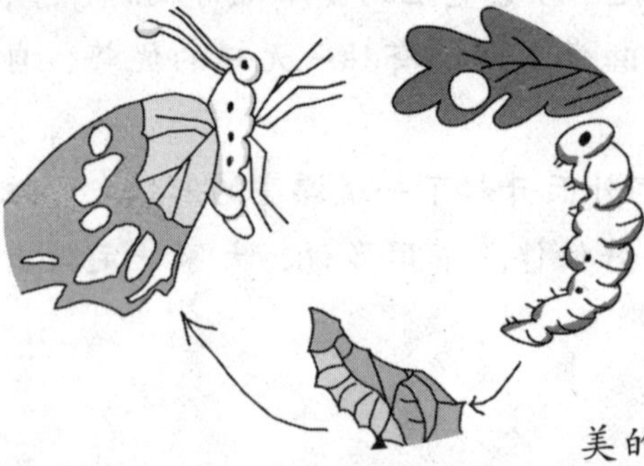

“不行，你长得那么丑，我才不愿意和你说话呢！离我远点，我不想看见你。”蜻蜓歪过头毫不犹豫地拒绝了毛毛虫。毛毛虫只好独自伤心地走开了。

走着走着，毛毛虫遇见了在花丛中舞动的蜜蜂，它看着蜜蜂优美的身姿惊呆了，恳求地说：“蜜蜂哥哥，我能和你一起玩吗？”

“不行，我很忙，要采花蜜，没空和你玩。再说了，我怕和你一起玩会变得跟你一样丑。”蜜蜂不愿再理睬毛毛虫，急忙躲开了。

毛毛虫很受伤，大家都嫌弃它长得丑，没有人愿意和它玩耍。它没有朋友，只能自己对自己说话，自己跟自己玩耍，真的好孤单。

“我浑身长满了密密麻麻的黑色绒毛，真难看。”毛毛虫想着想着就哭了。一旁的柳树阿姨看见了，安慰毛毛虫说：“没事的，等你长大了就会变得漂亮了。”

“真的吗？”毛毛虫泪眼汪汪地望着柳树阿姨。

“当然是真的，相信自己！”柳树阿姨鼓励它说。

于是，毛毛虫开始期待长大。

但是身边的小伙伴们还是一如既往地嘲笑毛毛虫，毛毛虫变得很自卑，它不愿意再见到其他动物，它吐出几根丝把自己缠绕起来藏在叶子背面，变成了一个白色的椭圆形的蛹，以此避免他人的嘲笑。

不知道睡了多久，变成了蛹的毛毛虫苏醒了。它想看看太阳，想看看外面的世界变得怎样了。于是它划开了一个小口子，努力挣扎着要出来。几个小时过去了，毛毛虫累得筋疲力尽，突破自己为自己束缚的茧好难呀！但是毛毛虫下定决心一定要出去，虽然突破这层茧让它浑身酸疼。毛毛虫使出浑身的力气，终于从茧中挣扎而出，它轻轻地张开翅膀，慢慢地，它居然可以飞翔了！

它飞过草地，飞过森林，飞过湖泊，忽然发现倒映在湖水里的自己的影子，它惊呆了。倒影里的它有一双美丽的翅膀，那翅膀五彩斑斓，像花朵一样美丽！它发现自己不再是丑陋的毛毛虫，而是蜕变成了一只美丽的蝴蝶！

它快速地越过湖面，划过天空，飞向花丛，那里有它的小伙伴们，它要开始新的生活！

知识链接

蝴蝶翅膀上丰富多彩的图案，令人赞叹不已。然而，它们多彩的翅膀不仅仅是为了美观，也是用来隐藏、伪装和吸引配偶的。

小实践 组织一次小型的画展，主题是“美丽的蝴蝶”，看看谁画的蝴蝶最美。

美丽的孔雀开屏了

知识点　孔雀开屏有两种情况，一种是求偶的需要，一种是对外界的示威和防御。

冬天已经悄悄地过去了，大地开始有了春的气息。阳光温和而不刺眼，空气清新而不湿冷，微风拂过曾经光秃的枝丫长出的嫩绿叶芽。大地万物复苏、鸟语花香，一切都是那么温暖，连影子都是微笑的。

动物园大道两旁的垂柳迎风摇曳，嫩绿的新芽带来了生命的气息。枝头上两只麻雀正窃窃私语，仿佛阔别多年的好友，有一肚子的悄悄话要向对方倾诉。平时穿得像只企鹅的小珂终于脱去了厚厚的毛衣和羽绒服，换上了漂亮的春装。今天的小珂像枝头唱歌的鸟儿们一样开心，因为她又可以看到她最喜欢的孔雀了。

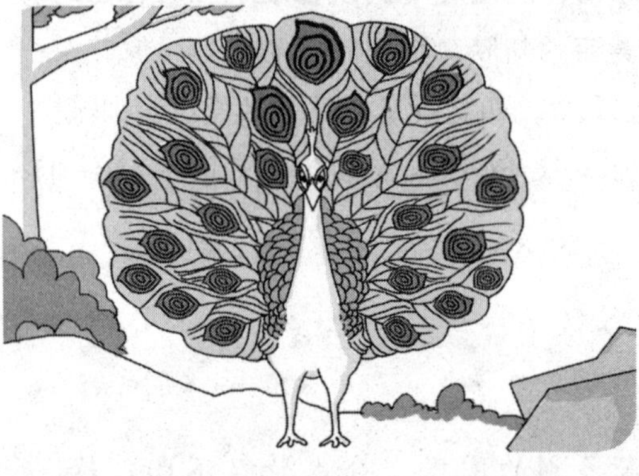

刚进动物园，小珂就听到了一阵阵悦耳的歌声，时而高亢，时而低沉。今天的百鸟苑似乎热闹非凡，大有百鸟齐鸣的势头。远远的，小珂就看到孔雀已经开屏了，她拉着爸爸妈妈迫不及待地奔向百鸟苑，以弥补上次没看到孔雀开屏的遗憾。

站在孔雀池旁的观鸟台，小珂目不转睛地盯着开了屏的孔雀，不禁感叹，这孔雀的尾巴太美丽了！可是，去年来看孔雀的时候，为什么等了很久都没看到它开屏呢？而现在孔雀的尾巴却一直是开着的。小珂很困惑，这时，一位志愿讲解员路过，小珂走上前去，问道："姐姐，为什么我去年冬天来看孔雀，等了很久它都不开屏，而现在它却能开屏这么长时间呢？”

讲解员姐姐笑着回答说：“孔雀开屏最繁盛的时候是在3—4月，这个时候正是它们的繁殖季节，孔雀开屏现象和繁殖有密切的关系，是孔雀求偶的一种表现。随着繁殖季节的过去，这种开屏的现象也就慢

慢地消失了。因此，把孔雀开屏说成是为了比美，这只不过是人们的主观猜测罢了。”

原来是这样啊！小珂会意地点点头。

“当然啦，孔雀开屏还有另外一层含义。”讲解员姐姐顿了顿说，“在受到惊吓和遭遇敌人时，母孔雀会竖起它的羽毛和敌人作斗争，这种动作只是它们的一种防御反应。动物学工作者认为，大红大绿的服色，游客的大声谈笑，可以刺激孔雀，引起它们的警惕戒备。这时孔雀开屏，也是一种示威、防御的动作。你上次来的时候是冬天，而游客又比较少，所以没看到孔雀开屏是正常的啊。”

小珂恍然大悟。原来，孔雀开屏还有这两层含义啊！看来以后要多学习一些和孔雀有关的知识，更好地保护美丽的孔雀！

知识链接

孔雀有蓝孔雀、绿孔雀、黑孔雀、白孔雀等不同的种类。其中蓝孔雀的体羽主要是金属光泽的蓝绿色，也是目前养殖最多的孔雀种类。在经国家批准养殖孔雀后，全国各地都出现了孔雀苗的养殖，有效地减少了对孔雀的恶意虐杀。

小实践 收集孔雀开屏的图片，并将图片展示给同学和朋友们看。

夏夜的蛙鸣

知识点 青蛙是益虫，蛙鸣是夏夜的交响乐。让我们一起来保护大自然，维持生态平衡，还青蛙一个生存的空间吧！

暑假来临，小薇高兴极了，因为她又可以回乡下爷爷家玩了。小薇很喜欢爷爷家，那里山清水秀，河畔开满了野花儿，河边立着婀娜的杨柳，还有许多池塘，里面长满了漂亮的莲叶。

小薇最喜欢在夏夜里，坐在爷爷家的小院里，一边听爷爷讲故事，一边倾听不远处那满塘的蛙鸣。小院里月光皎洁、树影婆娑，蛙鸣声忽高忽低，小院里的欢笑声也时起时落。

爷爷说，夏夜里的蛙声，是乡村的一支特别的交响乐。劳累了一天的人们，在自家的小院落里，搬出小方桌，端上农家菜，听着青蛙的伴奏，饮一杯自制的佳酿，别有一番情趣。就像辛弃疾词中所说的那样："稻花香里说丰年，听取蛙声一片。"

小薇喜欢夏夜的蛙鸣，在她听来，蛙鸣充满了音乐的节奏与美感。那"咕咕……呱呱……"的叫声，一阵紧似一阵，一阵密似一阵，一阵高过一阵。群蛙鼓噪时，大有排山倒海之势。在夏夜的蛙鸣里，好像含有雨后清新的泥土味和青草特有的芳香味，以及远处田野里飘过来的稻花香味……

夜深人静的时候，也正是蛙鸣声最热烈、最欢快的时候，小薇躺在床上，静静地听着户外青蛙的欢唱：由起初单调的独唱到后来遥相呼应的大合唱，时而悠长舒缓，时而急促紧凑，此起彼伏，连绵不绝。在这仲夏的夜空，一个小池塘即是一个大世界，在明月繁星的辉映下，青蛙们或鼓唱，或跳跃，或畅游，是何等的自由自在、无拘无束、欢乐逍遥，它们为劳动一天的人们带来听觉的享受，也为夏夜增添了无限的生气和情趣。

让小薇遗憾的是，在城市里是听不到蛙声的。在钢筋水泥铸造的高楼林立的城市里，青蛙们没有栖息地，因而无法生存。青蛙们向往的是一方绿洲，一汪清池，一个自由的空间。乡村才是青蛙们放歌的舞台，田间地头，沟头河岸，有水有植物的地方，才是青蛙的家园，才有夏夜的蛙鸣。

更让小薇难以忍受的是有些餐馆把青蛙做成菜肴，吸引顾客。为了夏夜的蛙鸣，为了让青蛙和人类都有一个美好的生存环境，小薇想大声地呼喊：青蛙是益虫，不要再伤害它们栖息的家园。让我们一起来保护大自然，维持生态平衡，还青蛙一个生存的空间吧！

知识链接

目前全世界蛙类正在迅速地减少，主要原因是环境污染造成的，还有气候的变化、外来物种的侵入、城市扩建造成栖息环境的缩小等。

小实践 雨后，在池塘边观察青蛙的动态。

千奇百怪的鱼

知识点 在我国的海域里，海洋鱼类大概有三千多种。随着环境污染的加重，海洋鱼类呈现逐年减少的趋势。

暑假的一天，小米、小路和小凌三个好朋友和妈妈们一起参观了市水族馆。在回家的路上，当语文教师的小米妈妈提议，回家后小米三人每人写一篇命题作文，题目就叫“千奇百怪的鱼”。但她们三个觉得这个题目有点难。

作文完成后，她们都来到小米家里，将作文交给小米妈妈批阅。然后又一起查阅资料，研究鱼的种类。结果她们发现，这世界上的鱼还真是千奇百怪，无奇不有。在我国海域里，目前已记录到的海洋鱼类就有三千多种，约占我国全部海洋生物种类的七分之一。

小路说：“你们看，这种鱼会爬树呢。在我国沿海生活着一种能够适应两栖生活的弹涂鱼。弹涂鱼独特的生理结构使它们能够离开水，较长时间在空气中生活。生活在热带地区的弹涂鱼，在低潮时为了捕捉食物，常在海滩上跳来跳去，更喜欢爬到红树的根部捉昆虫吃。因此，人们称之为‘会爬树的鱼’。”

小凌说：“还有会发光的鱼呢。我国东南沿海的带鱼和龙头鱼就会发光，光来自它们身上附着的发光细菌，而更多的鱼类发光则是由于鱼本身有发光器官。烛光鱼的腹部和腹侧有多行发光器，犹如一排排的蜡烛，所以叫烛光鱼。有的鱼能发射白光和蓝光，另一些鱼能发射红、黄、绿和鬼火般的微光，还有些鱼能同时发出几种不同颜色的光。呵呵，真好玩！”

小米说：“还有魔鬼鱼呢。魔鬼鱼是一种庞大的热带鱼类，只要它发起怒来，用它那强有力的‘双翅’一拍，就会拍断人的骨头，置人于死地。所以人们叫它‘魔鬼鱼’。哇，好可怕呀。”

小路说：“这些蝴蝶鱼好漂亮哦，它们生活在五光十色的珊瑚礁礁盘中，其艳丽的体色可随周围环境的改变而改变。通常一尾蝴蝶鱼改变一次体色要几分钟，而有的仅需几秒钟。人们若要在珊瑚礁鱼类中选美的话，当首推蝴蝶鱼了。”

小凌说：“还有会发声的鱼，会吐墨的鱼，形态奇特的翻车鱼，华丽的珊瑚鱼，海中霸王鲨鱼……可真多千奇百怪的鱼啊！”

这时，小米的妈妈看完了她们三个的作文，对她们说：“你们在作文中都列举了鱼的种类、形状和特点，这很好。可是你们想过吗，随着工业污染越来越严重，大海里鱼的种类在不断地减少。我们必须呼吁大家保护环境，减少工业污染，才能让更多的鱼类健康地生存下去。这样，作文就有一个主题了，比单纯介绍鱼的种类有意义，你们说呢？”

小米、小路和小凌似有所悟，不约而同地点点头。

知识链接

海洋鱼类从两极到赤道海域，从海岸到大洋，从表层到万米左右的深渊都有分布。生活环境的多样性，促成了海洋鱼类的多样性。

小实践 组织一次小型的演讲比赛，主题是：我们该如何保护海洋里鱼类的多样性呢？

秋夜鸣叫的蟋蟀

知识点　蟋蟀又名蛐蛐、促织，常常栖身于砖石下、土穴中或草丛间，在夜间出来活动，以各种农作物、树苗、菜果为生。

秋天的傍晚，小林做完了作业，坐在他的柏木小床上看书，忽然听到窗外蟋蟀"吱吱"的叫声，叫得他有点心烦。但是转念一想，我何不去捉两只蟋蟀斗着玩呢？小宝从床底下摸出可以装蟋蟀的罐子，来到爸爸的书房，对正在看书的爸爸说："爸爸，陪我去捉蟋蟀吧！"

爸爸放下书，舒活了一下筋骨，陪小林来到小区的后花园里。这时的天色还没有完全暗下来，花园里的路灯却已经打开。昏黄的灯光下，白日里娇艳的菊花都显得有些光怪陆离。不知为什么，到了花园里，小宝觉得蟋蟀的叫声微弱了好多。小林蹑手蹑脚地靠近一棵香樟树，小心翼翼地掀开一块破瓦片，果然底下窝着一只小蟋蟀。只见一只长约两厘米的黑褐色小虫子趴在那里，四只纤细的前肢匍匐在前面，粗壮的后肢却有力地蹬住地面。小林的爸爸走近一看，说："小林，这个蟋蟀你捉了也没有用。你看，它的头很扁，前端很平，是个大棺头，是不会斗的。而且，你在一罐蟋蟀里放上一只大棺头，整罐都不会斗了。"

听着蟋蟀悠扬婉转的鸣叫，小林觉得这鸣叫声真有意思，但不知道蟋蟀到底要表达什么意思。爸爸说："蟋蟀不同的音调、不同的频率能够表达不同的意思。如果在秋天的夜晚发出长节奏的鸣声，即是在警告别的同性不许侵入，同时又在招呼异性快点来。当有别的同性贸然闯入时，它便以威严而急促的鸣叫向对方提出警告。如果警告失效，那么一场为抢占领土和捍卫领土的恶战便开始了。”

小林没有捉到蟋蟀，有些灰心，他说：“爸爸，我怎么觉得这里的蟋蟀没有以前多了？是不是被园丁叔叔洒农药毒死了啊？园丁叔叔真坏！”爸爸笑嘻嘻地把刚捉到的一只蟋蟀丢进罐子里，说：“蟋蟀本来就是害虫，它们靠啃植物在地下的根茎为生，有了它们，你就看不到满园盛开的菊花了。况且，这蟋蟀是活不到冬天的，它们趁秋天把卵产在地下，等到了春天幼虫就长出来了。等过段时间天气再冷一些蟋蟀就全部死光了。园丁叔叔的工作就是为了让花园里的花长得更好。好了，这么多蟋蟀够了，小林我们回家吧。”

小林看了看罐子里的蟋蟀，高兴地点点头：“好啊，爸爸我们回家斗蟋蟀去吧！”

知识链接

蟋蟀的性格比较孤僻，除了交配的特殊时期，一只蟋蟀绝不和另一只蟋蟀住在一起。它们彼此之间不能容忍，一旦碰到一起，就会咬斗起来。

小实践 在安静的秋夜里，试着聆听蟋蟀的鸣叫，会有什么感觉呢？

树叶下的雨蛙

知识点 雨蛙多生活在草丛树林里，它们善于用绿色来伪装自己。同时，雨蛙还是大自然的“天气预报员”。

一天，果果在放学回家的路上，看到园丁张伯伯正在修剪郊区绿化带上的植物。他一边蹦蹦跳跳地向前走着，一边有礼貌地和张伯伯打招呼：“张伯伯好！”张伯伯眉开眼笑地答应着，同时提醒果果，小心不要被地上的断枝绊倒了。

果果看时间还早，就主动帮着张伯伯清扫起路面上的树叶树枝，突然，果果看到有一片葱绿的“叶子”仿佛在蠕动似的。“奇怪，这片叶子好像长着脚似的，好奇怪的树叶呀！”果果心里挺纳闷儿，就好奇地走近那片叶子，想看个究竟。

哇！竟然不是树叶，而是一只青蛙！它好像正在抓虫子吃！舌头一伸，瞬间一只虫子就被它吞下去了。

“张伯伯，你快过来看呀，有一只青蛙正在吃害虫，好厉害呀！”果果只是在书本上看到过文字的描述，今天还是第一次亲眼看到青蛙觅食呀！所以赶快叫张伯伯来看看。

张伯伯笑呵呵地走过来，俯身沿着果果手指的方向看过去，“哦，这不是青蛙，而是一只雨蛙。”张伯伯说，“虽然它外表上看起来和青蛙很相似，可是生活习性上和青蛙是有很大的不同的。”

“雨蛙？我还是第一次听说呢！可是，它们和青蛙一样都是在地上捕捉虫子的呀？”果果好奇地问。

“它们平时可不是在地上活动的。一般情况下，雨蛙都会在树上觅食和生活，如果跳到地上觅食的话就说明天气要变了。”张伯伯说着，抬起头看了看天空。“果果，快回家吧，可能很快就要下雨了，淋湿了会感冒的。”

“可是，天上并没有乌云呀，真的会下雨吗？这只雨蛙真的有那么厉害吗？”果果半信半疑地问道。

“这是我们多年的经验了，以前在农村的时候没有我们当地的天气预报，我们就是靠它们来看天气的。”张伯伯胸有成竹地告诉果果。

在张伯伯的催促下，果果开始犹豫不决地往回家的方向走去。谁知道在离家还有几分钟的时候就下起了瓢泼大雨，果果赶快找了个地方躲雨。过了一会儿，妈妈撑着雨伞从转角的路口走来。“妈妈！”果果高兴地跑进妈妈的伞下。

“妈妈，我今天看到了一只雨蛙，它可聪明了，还能预报天气呢！开始的时候我还不相信，你看现在居然真的下雨了……”果果像个小科学家一样给妈妈讲述着雨蛙的聪明，妈妈也兴致勃勃地听着，母子俩边走边聊，一路撑着伞走回家了。

知识链接

天气晴朗、空气干燥的时候，昆虫们飞得比较高，雨蛙要抓住他们必须爬到树上去；等到要下雨的时候，空气中的湿度大，昆虫们就飞不高了，雨蛙就可以在地上等它们了。这样，雨蛙用自己的爬上爬下提醒人们天气要变化了。

小实践 采访某个生物学专家，问一下专家，动物和天气之间有哪些奇妙的联系呢？

“海中仙女”海百合

知识点　海百合常年生活在幽深的海底，是一种形状像百合花一样美丽的动物。

暑假的一天，小林正坐在写字台前津津有味地看一本图画书，书名叫《神奇的海底世界》。忽然，他被一种神奇的“植物”迷住了，这种“植物”有多条腕足，身体呈花状，表面有石灰质的壳，名字叫“海百合”。可是，书上却说，这是一种生活在幽深海底的动物，这是怎么回事呢？

小林一边在电脑上查阅资料，一边做着笔记，记录着和海百合相关的内容。他写道：海百合是一种古老的无脊椎动物，在几亿年前，海洋里到处是它们的身影。海百合的肉体很柔软，身体有一个像植物茎一样的柄，柄上端羽状的东西是它们的触手，也叫腕。这些触手就像蕨类的叶子一样迷惑着人们，许多人都认为它们是植物，其实它们是形态像百合花一样美丽的动物。海百合一辈子扎根海底，不能行走。在弱肉强食、竞争险恶的大海中，曾有一批批被咬断茎秆，仅留下花儿的海百合，大难不死存活下来。这种没柄的海百合，五彩缤纷，悠悠荡荡，四处漂流，被人称做“海中仙女”。

小林正疑惑呢，忽然听到有人敲门，原来是好朋友小凌来了。小林拉过一张椅子让小凌坐下，急切地说：“我出个谜语你来猜吧，在大海里生长着一种神秘的动物，长得就像一株植物，被称作‘海中仙女’，你能猜出来是什么吗？”

小凌是班上的生物课代表，关于动物、植物方面的知识懂得很多，他扶了扶自己的眼镜，胸有成竹地说：“你说的是海百合吧？”

小林拍拍小凌的肩膀，用夸张的口气说：“是啊，难怪大家都喊你‘生物小博士’，看来什么都难不倒你啊。”

小凌指着图画书上的插图说：“海百合还有一个名字，叫‘羽星’。因为羽星可以自由行动，身体又能随环境改变颜色，它们便成了海百合家族中的旺族，现存480多种。羽星喜欢以珊瑚礁为家，因为那儿海水温暖，生物种类繁多，求食也容易。而那种有柄的海百合，适应能力差，不会保护自己，数量也就越来越稀少。没准几百年之后，它们便会给鱼儿吃得一个不剩，永远从大海里消失呢！”

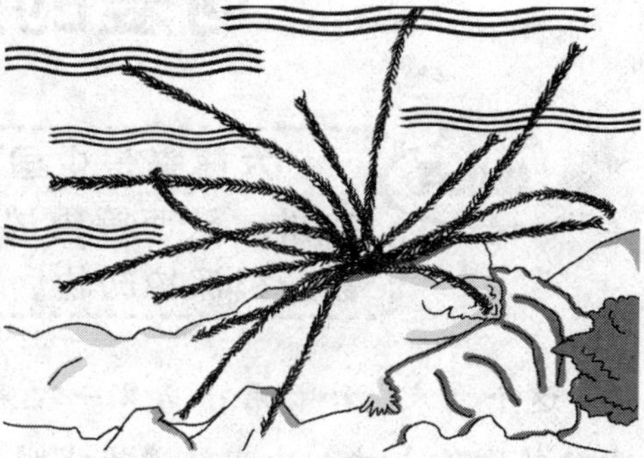

小林惋惜地说：“这么美丽的动物，消失了多可惜，我们一定要好好保护它们啊。”

小凌点点头说：“海百合在死亡以后，这些钙质茎、萼很容易保存下来成为化石。在古代，海百合的种类很多，在地质学上有重要意义。保存完整的海百合化石十分珍贵，不仅可以为古代地质环境的研究提供证据，也被磨制成各种各样的工艺品，成为收藏家的宝贝，深受人们的喜欢。”

小凌滔滔不绝地讲着海百合，小林听得都入神了。

知识链接

羽星体含毒素，许多鱼儿不敢碰它。可仍有一些不怕毒素的鱼，对它们毫不留情，狠下毒手。为了生存，它们只好大白天钻进石缝里躲藏起来；入夜才偷偷摸摸成群出洞，翩翩起舞。

小实践 参照图片，画出海百合在大海中自由自在生活的样子。

可爱的大熊猫

知识点

大熊猫是中国特有的动物，主要分布在中国四川、陕西等周边山区，数量十分稀少，属于国家一级保护动物。

这个周末，小林和小勇又一次来到了动物园。动物园里人来人往，十分热闹。小林和小勇这次重点观察的动物是大熊猫，因为老师要求他们完成一篇关于大熊猫的作文。

来到熊猫馆，他们看到两只可爱的大熊猫，一只坐在假山上伸懒腰，另一只在吃竹子。小勇对小林说："大熊猫好可爱啊，可是怎么写作文呢？"小林仔细端详着大熊猫，说："我们可以先从它的外貌写起。大熊猫的体型肥硕，头部圆圆的，尾巴比较短，有点像熊，憨态可掬，非常可爱。头部和身体的毛色绝大多数为黑白相间。"

小勇接着说："好多人在围着大熊猫观看、拍照，大熊猫踱着四方步，然后再说点什么呢？"

小林说："这样吧，我们去找管理员聊聊，多了解一些和大熊猫有关的故事。"

他们找到了管理员叔叔，管理员叔叔耐心地给他们介绍了大熊猫的生活习惯和有趣的故事。

"大熊猫是世界上最珍贵的动物之一，数量十分稀少，属于国家一级保护动物。大熊猫是中国特有的动物，被誉为'中国国宝'。现存的主要栖息地在中国四川、陕西等周边山区。生活在陕西秦岭的大熊猫因头部更圆而更像猫，被誉为国宝中的'美人'。

野生大熊猫从小离开母亲后，就成为‘流浪汉’，成天在竹林中独来独往，因此人们称它为‘竹林隐士’。大熊猫走到哪里就在哪里歇息，吃饭和睡觉都不分时间和场合。它吃了睡，睡了又吃，到处游乐，是天生的乐天派。成年熊猫习惯以竹子为食的生活。”

小勇对着小林的耳边说：“大熊猫的生活好让人羡慕啊，可惜这动物园里的大熊猫没有那么自由了。”

管理员叔叔接着说：“大熊猫最喜欢玩圆形的东西，像木瓢、木盆、瓷碗、水桶等等，玩够了就扬长而去。大熊猫饮水也很有讲究。它不喝盐水，不清洁的臭水它连闻都不闻一下，只有清洁甘甜的流水它才喝。

大熊猫还有个特点，就是特别不怕寒冷。这是因为它的毛层又粗又厚，有很好的保温性能。它的毛面上含油脂，水汽不易透进去，像一个厚实的皮袄，使得大熊猫能抵抗寒气、湿气的侵袭，它们从不得风湿病，从不冬眠，还时常在雪地里睡大觉呢！”

小林和小勇从管理员叔叔的讲述中，了解了许多大熊猫的习性和故事，觉得大熊猫更可爱了，对写作文也充满了自信。

知识链接

大熊猫憨态可掬的可爱模样深受全球大众的喜爱，1961年世界自然基金会成立时就以大熊猫为其标志。大熊猫俨然成为物种保育最重要的象征，也是中国外交活动中表示友好的重要代表。

小实践 到野生动物园看望大熊猫，说说它们的可爱之处吧。

骑自行车的猴子

知识点 孔子说："己所不欲，勿施于人。"人类有时候为了寻乐，强迫动物做一些它们不喜欢做的事情，这是违背动物的自然天性的，必须给予制止。

乐乐居住的城市里有一个很大的动物园，动物园里生活着许多来自世界各地的小动物，有活泼可爱的小熊猫、身材高大的亚洲象、勇猛的东北虎、威风凛凛的非洲狮、优雅的麋鹿、漂亮的孔雀……这所有的动物中，乐乐最喜欢的莫过于猴子了。每当到了周末，乐乐都会早早地完成老师布置的作业，让妈妈带自己去动物园里看那些可爱的动物。

乐乐一直觉得猴子是动物园里最聪明的动物，因为它会表演很多节目，比如骑自行车、稳稳地站在大圆球上面行走、还能带其他的小动物散步。每当猴子们表演的时候，笼子的周围都会围满前来观看的大人和小孩。

这天，乐乐又和妈妈来到了动物园，正巧赶上他最喜欢的小猴子表演。乐乐努力挤进人群里面，看到一只小猴子正骑在一辆小型自行车上，踉踉跄跄地踩着脚踏板。骑得很稳的时候，人群中就会响起一片掌声和欢呼声，动物园里的工作人员就会奖励它一根儿香蕉；有时候骑得不稳险些摔倒，大家又会替它捏一把冷汗。

正在大家看得起劲儿的时候，那只小猴子突然从自行车上摔了下来，右脚被倒下的车轮狠狠地砸了一下，小猴子顿时发出了凄厉的叫声，管理员赶紧把它带走了。

妈妈说，叔叔阿姨们带它去让兽医治疗了，应该很快就会好的，可是乐乐还是很担心小猴子。乐乐问妈妈：“妈妈，小猴子们要经常进行自行车表演，会不会经常受伤呢？”妈妈说：

“这个是难免的呀，就像你学习骑自行车的时候一样呀，常常会跌倒的，而且动物的平衡能力比起人类还要差很多呢。”妈妈说道。

乐乐半天没有吱声，他想起自己以前学骑自行车时从车上跌下来，摔得大腿上青一块紫一块，痛了好长时间呢，为此他再也不想学自行车了。小猴子一定也很不想骑自行车吧，可是它们也不敢反抗，因为怕没有好吃的。想到这里，乐乐坚定地对妈妈说：“妈妈，我以后再也不想看猴子表演了，我们是在把自己的欢乐建立在猴子的痛苦之上，这太不人道了！”

妈妈抚摸着乐乐的头，长叹一声说：“孩子，难得你能够为小猴子着想，要是我们每个人都能够站在动物的角度，考虑一下动物的感受，那该多好啊！”

乐乐说：“我要向动物园的管理人员建议，取消动物表演节目，让它们回到自由的天地，快乐地生活！”

妈妈说：“好孩子，妈妈同意你的提议，我们现在就去找管理人员提议吧！”乐乐拉着妈妈的手，大步流星地向动物园管理办公室走去。

知识链接

猴是动物界最高等的类群，大脑发达。汉族普遍认为猴为吉祥物。由于猴与侯谐音，在许多图画中，猴的形象表示封侯的意思。如一只猴子爬在枫树上挂印，取“封侯挂印”之意。

小实践 观察一下我们生活的周围，还有哪些小动物因为人们的“喜爱”而正在受苦呢？向它们伸出援助之手吧！

有趣的动物眼睛

知识点 动物的眼睛，千奇百怪，十分有趣。不同动物的眼睛有不同的作用，你了解吗？

春天的一个周末，小米、小杰和小璐一起到野外郊游。他们看到大片大片金黄色的油菜花，散发着清雅的芬芳，像油画一样美。

他们在山野里一边漫步，一边聊天。小米说："我昨天看了一本有趣的书，专门介绍动物的眼睛，你们要不要听啊？"

小璐抢着说："要听，要听，我最喜欢小动物了！"小杰也说："动物的眼睛？有趣！"

小米说："这样吧，我先说这种动物的眼睛的特点，你们来猜是什么动物，谁猜对了谁就可以吃一块牛肉干！"

小璐和小杰点点头说："那好吧，就当是猜谜语啦！"

小米开始如数家珍地说起来："有一种动物白天常是一只眼闭着一只眼张着，对眼前的一切熟视无睹，夜间在微弱的光线下飞行，能看到离地面几尺远的老鼠，你们猜这是什么动物？"

小杰说："我猜是猫头鹰！"小米拿起一块牛肉干，塞到小杰嘴里，说："回答正确，奖你一块牛肉干！"

小米接着说："有一种动物是睁着眼睛的瞎子，它在飞行中不断从嘴里、鼻子里发出高频率的超声波，超声波遇到障碍和猎物以后反射回来，被它的耳朵所吸收，它是用耳朵来代替眼睛的。"

小璐抢答说："这个是蝙蝠！"小米又拿起一块牛肉干，塞到小璐嘴里，然后又往自己嘴里塞了一块，说："你答对了，奖励你一块牛肉干。我是考官，也要奖励自己一块哈！"

吃完牛肉干，小米继续问：“这次回答对了两个问题才能有奖励哦。有一种动物的舌头经常探出口外，探测空气中的气味，并能很快辨别出散发这种气味的物体，它是用舌头代替眼睛的。还有一种动物的眼睛早晚像枣核，中午眯成线，夜里像满月，这是由于光线照射而发生的变化。你们猜猜这两种分别是什么动物？”

小璐说：“第二种动物是猫吧，第一种有点不好猜！”

小杰说：“第一种动物我也猜不出来，小米，还是你公布答案吧。”

小米说：“第一种动物是蛇。我再说两种动物你们猜啊，一种动物的眼睛长在头部两侧，可以看到前面、后面、空中的敌人。还有一种动物的眼睛，对静态的物体视而不见，对运动着的昆虫，看得清清楚楚，百发百中。”

小杰说：“眼睛长在头部两侧，可以看到前面、后面、空中的敌人的动物，是不是兔子啊？”

小璐说：“看不到静态的物体，能看清运动着的昆虫，我猜这种动物是青蛙！”

小杰嘿嘿一笑，拿出最后的三块牛肉干，说：“你们两个都答对了，这最后的三块牛肉干我们每人一块吧！”

三个小伙伴一边嚼着牛肉干，一边找到一块大石头坐下来，继续聊着和动物有关的话题。

知识链接

鲨鱼是近视眼，它用嗅觉灵敏的鼻子，对猎物进行气味追踪，搜捕猎物，它是用鼻子来代替眼睛的。

小实践 观察不同动物的眼睛，看看它们的眼睛有什么区别。

蚂蚁爬树的奥秘

知识点 植物和昆虫的关系十分密切，这其中最典型的例子便是植物和蚂蚁了。动植物互相依赖，互相帮助，共同维护着大自然的生态平衡。

放学后，雯雯、丽丽和佳佳在花园里玩跳皮筋的游戏。突然，雯雯发现一群蚂蚁正在往一棵高高的法桐树上爬。法桐树上长着宽大的深绿色的叶子，像一面面小旗帜，在风中快乐地摇来摇去。

雯雯大声说："你们快来看，好多蚂蚁啊！"

佳佳和丽丽都凑过来，佳佳挠挠后脑勺，迷惑地说："哇，这些蚂蚁在树上干什么呢？找东西吃吗？还是找其他的动物伙伴玩呢？"

丽丽仰起小脑袋，打趣地说："这么多呀，该不是在进行马拉松长跑比赛吧？"

正在她们争论不休的时候，雯雯看到"老顽童"蔡爷爷到花园里散步来了，蔡爷爷是个著名的科普作家，他是院子里当之无愧的"百科全书"呢！

三个小女孩围住蔡爷爷，想从他那里得到蚂蚁爬树的答案。

蔡爷爷说："孩子们，你们知道吗？我们身边的这些树啊，草啊，花啊，它们都是昆虫的好朋友呢。这其中最让我们羡慕的就是植物和蚂蚁这对好朋友了。瘦小的蚂蚁为什么要爬上那些高高的植株呢？这里面是有多种原因的。首先，蚂蚁是一种非常勤劳的小昆虫，它们常常被花儿的香味吸引，不辞辛劳地爬上高高的植株，去汲取花蜜，这样就代替蜜蜂为花儿采花蜜了。其次，蚂蚁爬树还有可能是把巢筑在结着鲜美果实的大树下面，这样就可以避免蚂蚁的巢被大水淹没，还可以在阳光的照射下保持巢内的干燥和温度。还有，这些植物的叶子下面有时会寄生一些细小的蚜虫，蚜虫的分泌液甜甜的，是蚂蚁最喜欢的食品了。蚂蚁从植物那里得到了许多好处，它同样也为植物提供了不少方便。蚂蚁的粪便是植物的上好肥料；蚂蚁在土中爬来爬去，扒松了泥土，这样植物的根就能更好地呼吸和吸收养分了。”

雯雯、佳佳和丽丽第一次听说蚂蚁爬树还有这么多的学问，她们都听得有些入迷了。好学的佳佳还拿出了笔记本，快速地将蔡爷爷的话记录下来，打算将今天的所见所闻写成一篇日记。

蔡爷爷一边打起了太极拳，一边和她们聊天。蔡爷爷说：“孩子们，在遥远的南美洲有一个国家叫巴西，那里有一种树叫做‘蚁栖树’，这种树的身上有好多洞呢，益蚁就住在这些大大小小的洞里，成了‘蚁栖树’的保护神，常常把想偷吃叶子的啮叶蚁赶下去。‘蚁栖树’为了感谢蚂蚁，就在它的叶柄处长出一种富含蛋白质和脂肪的小球，给蚂蚁做美食。”

佳佳赞叹地说：“没想到植物和蚂蚁是这么亲密的伙伴，它们真是动植物界互相帮助的楷模啊！”雯雯和佳佳都会意地点了点头。

知识链接

蚂蚁是地球上最常见、数量最多的昆虫种类，也是世界上抗击自然灾害能力最强的生物。亚马孙河洪水泛滥之前，蚂蚁排一字长蛇阵或方阵向安全地方转移，当地印第安人据此得知洪水淹没范围，因而及时搬迁。

小实践 利用业余时间观察爬树的小昆虫，了解它们的特点和习性。

为了白鹭的家园

知识点 白鹭是珍稀物种，由于人类的滥捕，曾经濒于灭绝的状态。目前黄嘴白鹭已被国际鸟类保护委员会列入世界濒危鸟类红皮书中，中国将其列为国家二级保护动物。

这个寒假，小米和爸爸、妈妈跟随旅行社来到了慕名已久的三亚。三亚那银色的沙滩，清澈的海水，美丽的椰子树，圣洁的白鹭，都给小米留下了深刻的印象。特别是那里的白鹭，它们优雅、飘逸的身姿深深地印在了小米的脑海里。每当傍晚来临的时候，游人们坐在椰子树下，沐浴着清爽的海风，欣赏着白鹭轻盈的舞姿，有一种说不出的惬意。

在旅途中，一位同行的记者给大家讲了一个拯救白鹭家园的故事。2004年国庆节期间，一位记者在三亚的凤凰路，看到一辆挖土机正在白鹭栖息的浅滩上动工，几十台抽水机正在将盐田里的水抽干，上千只白鹭在家园上空飞舞哀号，似乎在哀求人类不要破坏它们的家园。此情此景让记者深受触动，他立刻将这一消息通报给了海南省内外其他媒体的记者。一时间，省内外记者蜂拥而至，纷纷用他们手中的笔和相机，向有关部门呼吁：不要破坏白鹭栖息的家园。市民们也纷纷加入到保护白鹭的队伍中来。经过大家的共同努力，三亚有关部门终于把已经征用的土地收了回来，专门供白鹭栖息。

小米问记者叔叔：“叔叔，白鹭也属于珍稀动物吧？”记者叔叔说：

“是啊，据1990年和1992年国际水禽研究局组织的亚洲隆冬水鸟调查，1992年在我国仅见到143只，此外还在东南亚见到448只。由于环境的破坏和人为干扰，特别是由于它的纯白色毛状羽和蓑羽是极为贵重的装饰品，总有一些人在做非法盗猎活动，所以白鹭的数量逐年下降，曾经濒于灭绝的状态。近年来人们采取严格的保护措施，白鹭的数量又有所增加。目前黄嘴白鹭已被国际鸟类保护委员会列入世界濒危鸟类红皮书中，中国将其列为国家二级保护动物。”

为了更好地观赏白鹭，小米和爸爸、妈妈专门乘车来到了白鹭公园，这里有一个美丽的白鹭湖，湖边、湖心到处是白鹭，简直就是白鹭的天堂。由于离居民区较远，公园内的游人很少，白鹭们悠然地在湖边漫步。小米坐在公园的草坪上，望着远处苍翠的青山，看着眼前翩翩起舞的白鹭，觉得自己的心也随着白鹭飞舞起来，仿佛进入一个美好的梦境中一样。

从三亚回来，白鹭优雅、圣洁的形象一直浮现在小米的脑海里。小米想，希望人们不要再打扰那里的白鹭，让它们在自己的家园里，安心地繁衍、栖息下去。

知识链接

白鹭喜欢聚集于稻田、河岸、沙滩及沿海等处，常与其他水鸟一道集群营巢。有时飞越沿海浅水追捕猎物。夜晚飞回栖处时呈“V”字队形。

小实践 在网上查找一下，除了三亚，还有哪些地方是白鹭的家园呢？

野生动物的命运

知识点 当前，我国许多野生动物处于濒危状态。我们应该删除书籍中一些不环保的内容，减少人为破坏，关注野生动物的命运。

星期天的早晨，小林和小凌一起骑自行车来到文轩书店。这家书店的旁边有一棵枝叶茂盛的黄桷兰，地理位置有些偏僻，但是环境十分幽静，非常适合读书。

店员是一位文静的姐姐，态度温和，总是笑眯眯地向他们介绍新来的图书。整整一个上午，小林和小凌就悠然地坐在那里，翻看新进的工具书。

他们这次来书店的主要任务，是查找与野生动物有关的内容。小凌翻开一本公开发行的辞典，找到了一些与野生动物相关的词条。在词条下面，他发现了这样的描述：“虎，骨、血、内脏都是贵重药材”；“熊，熊掌是珍品，熊胆、肉可制药”；“云豹，毛皮可做名贵的女用大衣”；等等。小凌气愤地说：“这些内容不是在误导环保意识差的人伤害野生动物吗？怪不得总有人取熊胆，穿野生动物毛皮做的大衣，不法商贩为了谋取暴利，屡禁不止！”

小林正在看《中华人民共和国野生动

物保护法》，他说：“是啊，这些内容是不符合《中华人民共和国野生动物保护法》的，必须加以修改。我看过一则新闻，讲的是深圳的五位少年翻阅检查了许多在书店公开发行的字典、辞典，发现其中一些介绍野生动物的条目很不环保，就把调查的结果和他们的建议写成了论文，还向全国少代会递交了提案，提案引起了社会各界的关注，大家都觉得再版时应该删除这些不环保的内容呢！”

小凌感叹地说：“是啊，这些书不是在误导人们伤害野生动物吗？野生动物们如果会看书的话，是坚决不会答应的！可惜它们不会看书，无辜地被人类利用。我觉得它们真可怜啊！”

小林站起来，走到书架的另一栏，取出一本书，上面正在介绍我国濒危野生动物的现状。小林指着书上的内容对小凌说：“你看，我国的野生动物正在受到严重的威胁，麋鹿、野马和高鼻羚羊等野生动物在中国已经绝迹了，而野外生存的大熊猫、白鳍豚、华南虎、东北虎、雪豹、野骆驼等20多种珍稀动物目前已濒临灭绝的边缘。”

小凌摇摇头说：“真可惜，麋鹿、野马和高鼻羚羊是多么可爱的动物啊，我们现在只有看图片啦。”

小林正在查找野生动物越来越少的原因，他从书架上抽出一本《野生动物的命运》的书，翻到其中的某一页，念道：“许多野生动物的濒危状态是人为造成的。现代化的快速发展，使人类不断侵占动物的领域，越来越多的铁路、公路强制性地将一些动物种群分开，影响到动物的杂交组合，近亲繁殖使品种日益退化。在我国，野外已经很难寻觅这些濒危动物，只能在个别地区或自然保护区中见到。目前，这些自然保护区是濒危动物的最好庇护所了。”

小凌叹口气说：“这些野生动物的命运是人类造成的呀，我们一定要呼吁出版社删除这些不环保的内容，还要呼吁大家爱护野生动物，再也不要伤害它们了！”

知识链接

野生动物是指生存于自然状态下，非人工驯养的各种哺乳动物、鸟类、爬行动物、两栖动物及其他动物。全世界有七百九十多种野生动物，它分为濒危野生动物、有益野生动物、经济野生动物和有害野生动物四种。

小实践

收集濒危动物的图片，向人们宣传爱护野生动物的常识。

第3章

自然的魔法

春姑娘，你早

知识点

春天，万物复苏，到处是一派春意盎然的景象。欣赏春天的大自然，感受春天带给我们的美和快乐。

春姑娘带着小燕子，飞呀飞呀，终于从遥远的南方飞回来了。春姑娘带来了万物复苏的种子，在大地上一撒，哇，种子发芽了，到处是一派春意盎然的景象！大地、树木纷纷披上了绿色的新装，五颜六色的花儿竞相开放。蝴蝶在花丛中飞舞，蜜蜂忙着采花蜜，小鸟在枝头叽叽喳喳地叫，仿佛在说："春姑娘真美呀！"

春姑娘把太阳从睡梦中唤醒，太阳从云层中钻出来，对路上的每个行人露出了笑脸。太阳暖洋洋地照着，照得行人背上暖烘烘的，舒服极了。天上的白云也像经历了一场冬眠，从睡梦中醒来了，开始变得调皮起来，它们不停地变幻不同的姿态，一会儿像奔腾的骏马，一会儿像悠闲的大象，一会儿像热烈的小公鸡，一会儿像美丽的长颈鹿……真是可爱极了！

春姑娘看到好多小朋友在沙河边上放风筝，就吹起了微风。乐乐一边跑一边叫，伴随着清爽的微风，一只肥胖的"大金鱼"摇摇晃晃飞上了天。"大金鱼"越飞越高，赛过了"绿蜻蜓""花蝴蝶""二踢脚"的高度，在天空中自由自在地飞翔。乐乐手中牵着线，仰头看着天上飘舞的风筝，有一种飘然欲仙的感觉。

春姑娘吹了一口气，河里的冰融化了，水也变得柔和了。河水清澈见底，许多小鱼儿在水里自由地游来游去！河边的垂柳也长出了绿色的嫩芽，羞涩地垂下绿色的枝条，正对着自己的倩影梳妆打扮呢！一群小鸭子在河里自由自在地游泳，“嘎嘎嘎”……，地惬意地唱着歌；几只小鸟偶尔从水面上掠过，像一架架银色的小飞机！

小燕子一直跟随着春姑娘轻盈的脚步。春姑娘飞到南方，她就跟到南方；春姑娘飞到北方，她就跟到北方。她和伙伴们有时候在树梢间嬉戏，有时候在细长的电线杆上呢喃，有时候在湿润的水草边唱歌，有时候又在广阔的田野上飞翔……小燕子是春姑娘的得力助手，帮助春姑娘唤醒沉睡的大自然！

春姑娘是美的使者，她带给我们一个美轮美奂的春天！她不仅赶走了冬天的寒冷，还给我们带来了无限的生机和快乐！

一年之计在于春，春天赋予我们一个新的开始。美丽的春姑娘，你早啊！

知识链接

中国有句谚语叫“一年之计在于春”，意思是说一年的计划要在春天考虑安排。这是劳动人民在千百年的生产实践中总结出来的一条经验。比喻凡事要早做打算，开头就要抓紧。

小实践

画一幅《春姑娘，你早》的图画，画出你想象中的春天的样子。

秋天的原野

知识点 秋天的原野，一派绚丽的景象。各种农作物、各种蔬菜和水果在这个季节成熟，为人类带来了丰富的食粮。

在蓝天白云的衬托下，在凉风习习的吹送中，秋姑娘笑容满面地来了，天空变得格外高远，空气也变得格外清新起来了。

小虹和伙伴们正骑着自行车在山野里郊游。他们看到秋天的原野，一派绚丽的景象！

在田间休息的时候，伙伴们放眼望去，万水千山，层林尽染，真是一幅美丽的画卷啊！小虹突然灵机一动，对伙伴们说："我提议，我们每个人说一段关于秋天的文字，然后将这些文字汇到一起，就是一篇描写秋天的美文了，你们说好不好啊？"

"好主意！"小伙伴们纷纷举手赞成。

小林说："我先来吧。我说的是秋天的果园。秋天来到了果园里。你看，苹果树上缀满了红彤彤的苹果，就像孩子们的笑脸；柿子树上

挂满了火红的柿子，就像一盏盏小灯笼；香蕉树上金灿灿的香蕉抱成一团，就像一伙紧密团结的兄弟；还有笑歪了嘴的石榴、酸里带甜的山楂、清脆可口的大枣、富含维C的橙子、酸甜爽口的柚子……它们都容光焕发，带着自己丰收的果实，来参加这个城市一年一度的秋季博览会了，它们都信心百倍地等待人们的品尝和赞美！”

小昭说：“秋天来到了花园里，黄白的桂花、粉红的茶花、洁白的百合、紫红的芙蓉花、深红的月季花……竞相开放，芬芳四溢！秋天似乎格外钟爱菊花，各个品种的菊花在这个季节竞相绽放自己的美丽。菊花的颜色多种多样：黄色、粉红色、白色……那大大的花朵，卷曲的花瓣，清淡的芳香，让蜜蜂们流连忘返。野菊花还是多种中成药必备的成分之一呢。有人用晒干的野菊花做枕头，清香宜人，具有疏风清热、明目的作用呢。”

小莉说：“秋天来到了田野里，高高的玉米结满了金黄的穗子，红薯迫不及待地钻出地面向外张望，花生和土豆微笑着等待收获的季节。当它们被收获到农民伯伯的院子里，它们可以和农民伯伯一起，在月朗星稀的夜晚，呼吸着芬芳的空气，分享着丰收的喜悦。当它们变成餐桌上孩子们喜欢吃的食品，看着孩子们一天天长高，它们也感到无限的欣慰和快乐！”

小路说：“我来说秋天的树林。秋天来到了树林里，那些黄色的、火红的、黄绿斑驳的落叶就像一只只美丽的蝴蝶，翩然落下，落在我们的头上、肩上、脚下。小女孩弯下腰，顺便捡起一枚金黄的叶子，茎脉均匀，像一把小扇子，真美啊！这是银杏树的叶子。”

小虹说：“秋姑娘不仅为我们带来了五彩缤纷的颜色，营养丰富的五谷杂粮和各种可口的蔬菜水果，也为我们带来了无限的幸福和欢乐！”

小伙伴们齐声对着田野喊：“我爱秋天的原野！”

知识链接

立秋是秋季的第一个节气，每年8月8日或9日立秋。“秋”就是指暑去凉来，意味着秋天的开始。“秋”字由禾与火组成，是禾谷成熟的意思。到了立秋，梧桐树必定开始落叶，因此才有“落一叶而知秋”的说法。

小实践

和小伙伴们一起，到秋天的原野采摘成熟的果实，感受丰收的喜悦。

你看，月亮的脸

知识点 夜里仰望天空，有时看到一轮明月，有时看到半轮缺月，也有时只看到一弯月牙儿。月亮的脸为什么变化不定呢？

晚饭后，小米和爸爸妈妈正在公园的小路上散步。凉风习习，月光皎洁，树影婆娑，小米开心地蹦蹦跳跳。

突然，小米停了下来，蹲着身子出神地盯着地上一个小水坑看，小脑袋左右摇摆，好像在寻找什么。

妈妈说："小米啊，你在看什么呢，那么出神？"

"妈妈，你看，月亮跑到小水塘里去啦！"小米冲妈妈喊道。

"哈哈，小傻瓜，那是月亮在水里的倒影，你看，月亮现在好好地挂在天上呢！"爸爸被小米逗得哈哈大笑，指着天空对她说。

小米欣喜地抬起头，望着天上，高兴地叫起来："月亮还在天上呢！"

妈妈抚摸着小米的头："可不是吗，你看它多亮、多圆啊！"

小米仰头看看月亮，满脸迷茫地问："可是爸爸，为什么月亮的表面看起来不是一样亮啊，好像有的地方暗一些呢！"

爸爸牵起小米的手，慢慢地往前走，边走边说："其实月球本身并不会发光，我们所看到的月光，是月亮反射的太阳光。为什么月亮的表面看起来有的亮一些，有的暗一些呢，这是因为月面上有高山，有平原，还有坑洞，它们反射的光线不均匀，才会看起来有明有暗啊。"

小米听了爸爸的话，似有所悟地点点头。突然她又想起了一个问题，“爸爸，为什么太阳一直是圆的，而月亮却有时圆有时不圆呢？我发现月亮在农历月初是镰刀状的，月中像个圆圆的银盘，但到了月末又变成船状的。”

爸爸拍拍小米的肩，耐心地说：“小米的观察能力很强啊！我们看到月亮总是天天在发生变化。月初是镰刀状的，称它为新月；月中是圆圆的，称它为满月，或望月；但到了月末又变成船状的，称它为残月。月球的模样之所以在变化，正是因为月球绕地球转动，太阳光照射到月球上的方向和我们人类观察月球的视线之间有一个夹角，这个夹角总是在不停地变化，好像我们坐在火车上看着一座山，火车在不断地前进，我们前面的那座山的形状也在不停地发生变化呢！小米，你听懂了吗？”

“噢！原来是这样啊，我懂了，宇宙真是神奇啊，我以后要当科学家，去月亮上，专门研究它！”小米满怀斗志地说。

问题都弄明白了，小米兴奋地往前跑去，寂静的夜空下，传来了她悦耳的笑声，天空中的月亮仿佛也笑了。

知识链接

1969年7月20日美国时间22时56分，尼尔·阿姆斯特朗叩开了冷寂的月宫大门，双脚踏上了月球的土地，这是人类有史以来第一次对月球做的最伟大的探险。

小实践 观察夜空中的月亮，想一想，月亮的脸为什么经常变化呢？

爱眨眼睛的星星

知识点

深夜，万籁俱寂，只有星星在辽阔的夜空中调皮地眨着眼睛。它们是真的在眨眼睛吗？

暑假刚开始，妈妈就把小璐送到了乡下的外婆家。小璐喜欢外婆居住的那个小村庄，喜欢那里的蓝天白云，喜欢那里绿油油的田野和清清的河水，也喜欢和邻居的几个小伙伴在田间疯玩。

一天晚上，小璐从外面玩耍回来，见外婆正摇着芭蕉扇，坐在院子里望着夜空出神。小璐拍拍外婆的肩膀，说："外婆你看什么呀，这么入神？"

外婆眯起眼睛，陶醉般地望着天空，并没有回答小璐的问题，而是说："小璐，我出个谜语，你来猜吧！"

小璐找来一把椅子，坐下来，开心地说："好啊，外婆，我最喜欢猜谜语了，你说吧。"

外婆说："天上数不清，一闪一闪亮晶晶。"

小璐脱口而出道："星星呀，这个太简单了。外婆你在看天上的星星吗？"

外婆点点头说："是啊，天上的星星好多呀，数也数不清呢！"

小璐抬起头望着天空，笑着说："外婆，你看，天上好多星星哦，它们排得密密麻麻的，像发光的宝石，也像城市里的灯光，一颗、两颗、三颗、四颗……外婆，太多了，我们分一下工吧，你数东边的，我数西边的。”小璐开始认真地数起来，外婆揪揪她的小脸蛋儿，慈祥地说：“傻孩子，外婆逗你玩呢，星星这么多，怎么数得过来呢？它们一闪一闪的，一会儿就把你给数糊涂啰！”说完咯咯咯地笑了起来。

小璐望着夜空，突然想起一个问题，她问外婆：“外婆，为什么星星大部分都会发光，为什么有的星星亮一些有的暗一些呢？”

外婆摇摇头说：“这个问题太难了，外婆可说不好。”

这时舅舅从外面回来了，舅舅是镇上中学的物理老师，懂得可多了。他也搬过一张椅子坐在院子里看星星，听到小璐的问题，他说：“发光的星星是恒星。因为它们有大有小，发光能力就有大有小；又由于它们距地球有远有近，发出的光在向地球传递的过程中损耗的能量也有大有小，所以有的亮一些有的暗一些。”

“原来是这样啊，舅舅，那星星为什么会闪烁，就像小孩子在眨眼睛呢？”小璐又问。

舅舅笑着说：“小璐啊，其实星星本身并不会闪烁。我们肉眼看上去，好像天上的星星都在闪烁，这是因为星星距离地球很远，当我们看星星时，眼光要通过覆盖着地球的空气。当星星的光射到地球上时，它通过了不稳定的冷的和热的空气层。我们看起来，星星好像在眨眼，实际上是由于受到大气的阻挡而形成的。星光快速地左右偏移，亮度就会跟着闪烁不定，所以看起来就好像是星星在对我们眨眼睛一样呢。但像月亮这么大的物体，距离地球又近，阻挡作用就不明显了，所以月亮看起来是不眨眼睛的。”

“舅舅，我好像听懂了，但还是觉得深奥呢！”小璐有些不解地说。

舅舅拍拍小璐的肩膀说：“小璐不着急，等你上了高年级，老师会讲这些的。你看，星星又在向你眨眼睛呢！”

小璐再次抬头仰望星空，觉得宇宙神秘而辽阔，胸中漾起一种说不出的感动。

知识链接

郭沫若在《天上的街市》中写道：“远远的街灯明了，好像闪着无数的明星。天上的明星现了，好像点着无数的街灯。”诗人将远远的街灯比作天上的明星，又将天上的明星说成是人间的街灯，给人一种天上人间合而为一的美好幻觉。

小实践 在一个繁星满空的夜里，去找一找北斗星在哪里，说出它的形状。

被雨洗过的彩虹

知识点 夏雨过后，彩虹飘在山顶，为万物披上一层薄纱，绚丽无比。彩虹是一种有趣的物理现象，是由于阳光照射空中的水滴发生反射与折射形成的。

夏天的某个星期日，奇奇和同学们在老师的带领下，准备到龙泉山爬山，采摘野果。

可是天公不作美，刚刚排好队伍，就听见远处传来轰隆隆的雷声，头顶的天空乌云密布，豆大的雨点噼里啪啦地从天上滚落下来。这真是“六月的天，小孩的脸，说变就变。”同学们赶快躲到楼道里避雨。

大雨来得猛烈，一会儿路上的积水就汇成了小河。但是雨来得快，去得也快，几分钟后，瓢泼大雨就停下来了，老师宣布游山活动正常开始，同学们重新排好队伍，按原计划出发了。

来到龙泉山，奇奇和小伙伴们开心地奔跑着，唱着笑着。

“快看，快看！彩虹，彩虹！”奇奇指着远方，惊喜地叫起来，同学们都跑过来，兴奋地在彩虹下跳跃。

“你们知道彩虹有多少种颜色吗？”奇奇昂着头问。

小朋友们七嘴八舌地说道：“五种”“七种”“八种”。

奇奇胸有成竹地说：“正确答案是七种，这七种颜色分别是赤橙黄绿青蓝紫。”

老师走过来，抚摸着奇奇的头，说：“奇奇说得对，彩虹的颜色有七种。那你们知道彩虹是怎么形成的吗？”大家有些茫然地摇摇头。

“来，老师给你们讲讲。”老师拉着奇奇坐下，大家围成一个圈，仔细听老师讲。

“彩虹是一种有趣的物理现象，是由阳光照射到空中的水滴发生反射与折射形成的。当太阳光通过三棱镜的时候，前进的方向会发生偏折，把原来的白色光线分解成红、橙、黄、绿、青、蓝、紫七种颜色的光带。下过雨后，有许多微小的水滴飘浮在空中，当阳光照射到小水滴上时会发生折射，分散成七种颜色的光。很多小水滴同时把阳光折射出来，再反射到我们的眼睛里，我们就会看到一条半圆形的彩虹。”

同学们认真地听着。丽丽突然举手问道：“老师，为什么冬天看不到彩虹呢？”

老师看看丽丽，说：“因为冬天的气温较低，在空中不容易存在小水滴，下阵雨的机会也少，所以冬天一般不会有彩虹出现。大家听明白了吗？”

“原来这么深奥，大自然多奇妙啊！”同学们异口同声地说道。大家又纷纷散开，到山上采野果子了。

蓝天丽日下，远方的彩虹依然灿烂。

知识链接

古往今来都有一些描写彩虹的诗词，如李白的“两水夹明镜,双桥落彩虹”，毛泽东的“赤橙黄绿青蓝紫，谁持彩虹当空舞”。彩虹像一座七彩的桥，连接起古人和现代人的情感共鸣。

小实践 夏天雨过天晴后，去户外寻找一下，天上有没有出现彩虹，它们会停留多久。

一半白天一半黑夜

知识点 浩瀚无穷的宇宙充满神秘，地球围绕太阳公转，而地球本身也要自转，地球自转产生了昼夜更替的现象。

停电啦！风扇、空调顿时失去了效力，小区里像炸开了锅。

“妈妈！”正在做作业的萌萌被这突如其来的漆黑所笼罩，不禁大叫了起来。

妈妈端着蜡烛来到萌萌身边，安慰她说：“没事儿，电很快就来了，走，跟妈妈到外面乘凉去。”

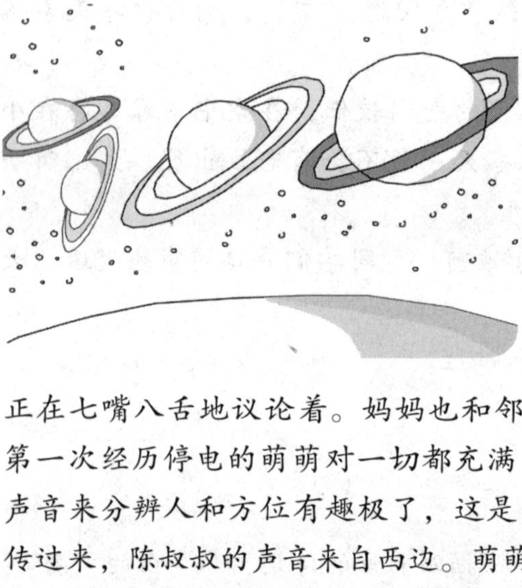

萌萌手里拿着一把羽毛扇，在微弱的烛光指引下，小心地下了楼。哇，还真是一片漆黑啊！但在这个炎热的夏日夜晚，一片漆黑倒也让人感觉凉快不少呢。

楼下已经聚集了不少人，正在七嘴八舌地议论着。妈妈也和邻居的林阿姨聊起了最近的天气。第一次经历停电的萌萌对一切都充满了好奇。她发现在黑夜中只是靠声音来分辨人和方位有趣极了，这是南，这是北，妈妈的声音从东边传过来，陈叔叔的声音来自西边。萌萌觉得有趣，不禁地笑出了声。

萌萌仰望着天空，看到满天的小星星，一闪一闪亮晶晶的，像无数可爱的小娃娃在眨眼睛，好美啊！可是，为什么晚上有星星、没有太阳了呢？白天和黑夜是怎么产生的？爱思考的萌萌满脑子都是问号。她一个人想不明白，就向搞自然科学的林阿姨请教。

“林阿姨，为什么白天有太阳，晚上就没有了呢？”

林阿姨搂着萌萌的肩膀，笑着说：“萌萌，白天和黑夜总是交替出现，这是谁也不能改变的。太阳升起来，白天就开始了；太阳落下山，晚上就开始了。”

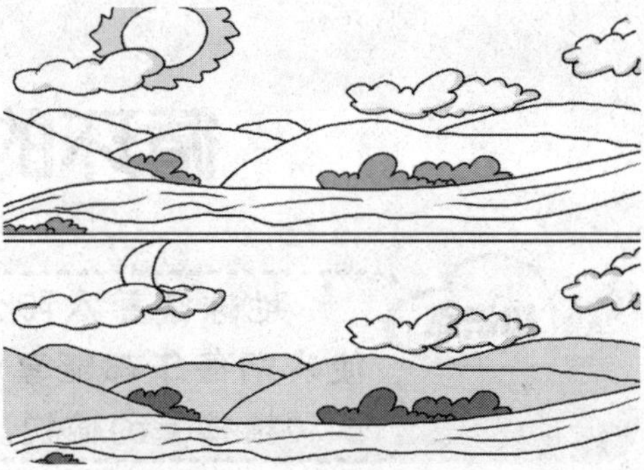

“那为什么会有白天和黑夜啊？”

“我们看到的太阳、月亮和地球都在各自的轨道上不停地运转，互不打扰，和谐共存。地球是个不透明球体，它不停地自转，而自转一圈刚好就是24小时。太阳是一颗会发出强烈光芒的星球，因为它离地球很远，所以相对于地球来说，它是固定不动的。地球自己不会发光，它不停地从西向东旋转，一天转一圈。所以地球总是一面向着太阳，一面背着太阳。向着太阳的一面就是白天，背着太阳的一面就是黑夜。地球自转一圈就有一次白天、黑夜的变化。地球总是不停地转着，白天和黑夜就总是不断地、有规律地变换着。”

“哦，我懂了！我们生活的地球就像是一对双胞胎，它们背靠着背不停自转，太阳总是轮流着照顾它们，不停地给它们送去温暖，是吗？也就说此时此刻，地球的另一半是白天喽！”

“对啦！萌萌真聪明！”林阿姨露出了欣慰的笑容。

“宇宙真神奇！明天，我一定要去书店买一本关于宇宙方面的书，好好读一读。”萌萌暗自想到，她再次仰望满天星空，开心地笑了。

知识链接

哥白尼是欧洲文艺复兴时期的一位巨人，他提出的“日心说”沉重地打击了当时教会的宇宙观。“日心说”的主要观点是：地球是球形的；地球在运动，并且24小时自转一周；太阳是不动的，而且在太阳系中心，地球以及其他行星都一起围绕太阳做圆周运动，只有月亮环绕地球运行。

小实践 用一个球和一个手电筒在黑暗处做一个实验，手电筒照亮球的其中一面，观察另一面是不是还处于黑暗之中。

循环的四季

知识点 地球绕着太阳公转产生了春夏秋冬四季，这使我们每年都能享受到不同季节带给我们的物质上和精神上的愉悦。

炎热的夏天，小磊到乡下避暑，在爷爷家小住了几天。

每天晚饭后，退休的爷爷总喜欢在村口那棵大榕树下乘凉，坐着摇椅，摇着蒲扇，哼着小曲儿，好不惬意。

今天晚上，天上的星星格外好看，一闪一闪地，小磊总觉得乡下的星星比城里的更明亮，更多，更可爱。

小磊坐在小凳子上，托着腮帮子，一边听爷爷哼着好听的京剧小调，一边数着天上的星星。“爷爷，我最喜欢夏天的晚上了，可以扇扇子，可以数星星，可以听爷爷开心地唱戏，要是一直这样多好啊！干嘛要有冬天啊，天寒地冻的，一点都不好玩！爷爷，你用你的诸葛扇施展一下魔法，不要让冬天来临，好不好嘛！”

爷爷被乖孙子的话逗笑了，他捋捋胡子说：“孩子，听爷爷给你讲

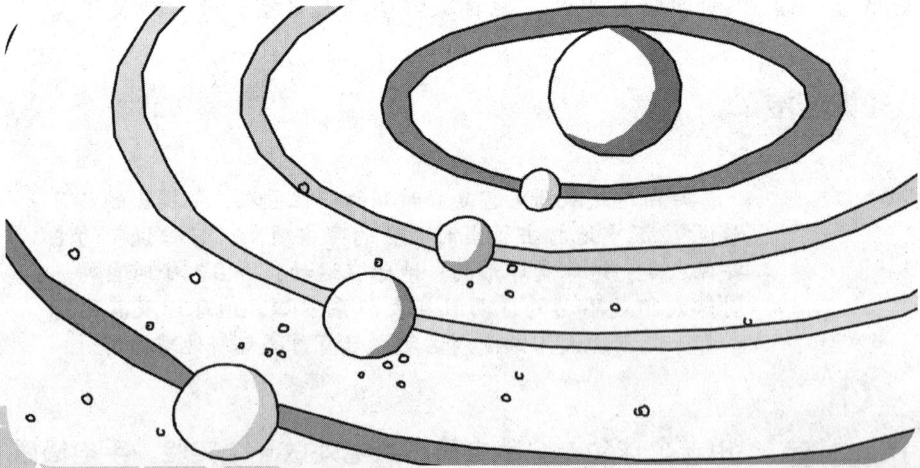

啊，四季变化是任何魔法都改变不了的！诸葛扇也无能为力啊！”

小磊摇摇爷爷的大腿说：“那你说说，为什么改变不了？爷爷不是像哪吒一样神通广大吗？”

爷爷哈哈大笑说：“爷爷扮演哪吒，那是逗你玩的！爷爷现在给你讲讲科学，讲讲地球和太阳的故事，想听吗？”

“想听，想听，爷爷快讲啊，别卖关子啦！”

爷爷说：“地球可是个好动的家伙。它不仅不停地自转，还一直围着太阳打转呢！”

“难道是太阳施了什么魔法吗？”小磊问。

爷爷爱抚地摸摸小磊的头，说：“这是因为太阳对地球有一种强大的吸引力，使地球接近自己。同时，地球围着太阳旋转，能产生一种向外远离太阳的离心力，使地球始终与太阳保持一定的距离。但是，这种离心力又克服不了太阳强大的引力，所以地球就围着太阳不停地打转，时远时近，这种转动就叫做地球的公转。”

小磊抢着说：“我知道地球自转产生了白天和黑夜，那它围着太阳

公转产生了什么呢？”

“地球围绕太阳公转一圈的时间大概需要365天，也就是我们所说的一年。因为地球的自转轴和公转轴不是垂直的，所以，这一年中，太阳直射地球上各个区域的角度始终处于变化之中，这样就产生了春夏秋冬四季的循环变化。”

小磊听得入了神，他抢过爷爷的话说，“哦，我知道了！原来都是好动的地球搞出来的！嘿嘿，爷爷，其实我觉得每个季节都有好处，春天我喜欢看百花盛开，夏天我喜欢吃西瓜、哈密瓜，秋天可以吃到新鲜的花生、玉米，冬天可以堆雪人、打雪仗！”

“哈哈，我的小磊真聪明！要是只有一个季节，那多单调啊！”爷爷看看天上的星星，和小磊一样开心大笑起来。

知识链接

地球并不是围绕太阳公转的唯一行星，它还有几个伙伴，如水星、金星、木星、土星、火星、天王星、海王星，它们一同被称为围绕太阳公转的八大行星。

小实践 找一个地球仪，研究一下地球的自转和公转。

变幻的云朵

知识点 太阳照在地球的表面，水蒸发形成水蒸气，一旦水汽过于饱和，水分子就会聚集在空气中的微尘周围，形成水滴或冰晶，这就产生了云。

云朵在天空中无忧无虑地飘动，或浓或淡，还不时地变换形状。云有时变成一只小兔子，有时变成一只从远处飞来的白色蝴蝶，有时又变成了一只胖胖的企鹅！天边出现了一抹玫瑰红，一抹暗紫，像是远方的花圃，雪青色，灰黑色，褐色和淡黄色，时隐时现，掺和在一起。整个天空和海洋也随着这云霞的色彩渐渐暗下来，又陡地一亮，落日终于从云霞的怀抱里落到了海上，好像吐出了一个大鸭蛋黄，由橙黄，橙红，变得鲜红，由大圆变成扇圆，最后被汹涌的海潮吞没了。

灵灵和爸爸正在沙滩上散步，看夕阳西下，听海浪不停地拍打着礁石。

“为什么云儿会有这么多的形状呢？它们为什么可以一直不停地变幻呢？”灵灵不解地问爸爸。

爸爸拍拍灵灵的头，笑着说：“我先给你讲讲云是怎样形成的吧！云主要是由水汽凝结形成的，飘浮在天空中的云彩是由许多细小的水滴或冰晶组成的，有的是由小水滴和小冰晶混合在一起组成的，有时也包含一些较大的雨滴及冰、雪粒。云的底部不接触地面，并有一定厚度。

“云儿有个好朋友，可以帮她不停地改变身姿，这个好朋友就是风。风从不同的方向吹来，云就呈现千姿百态的形状。云的形状和云

量的多少能告诉我们有关天气的许多信息。根据云量的多少，天气可分为晴天和阴天；云在天空中是会变化的，不同的云预示着不同天气的来临。”

“真的吗？爸爸！”灵灵觉得云朵的变化真奇妙，她说：“那么爸爸，云儿是怎么预告天气的呢？”

爸爸说：“‘天上鲤鱼斑，明日晒谷不用翻。’鲤鱼斑指透光高积云，往往处在由冷变暖的变性高压气团控制下，云层如果没有继续增厚，短期内仍是晴天。那么，我可爱的灵灵就可以出去玩啦！”“真好玩，真好玩！还有呢？”灵灵听得可开心了。“‘棉花云，雨快临。’棉花云指絮状高积云，出现这种云表明中层大气层很不稳定，如果空气中水汽充足并有上升运动，就会形成积雨云，将有雷雨降临。所以啊，如果你看见云儿像棉花糖一样就要赶紧回家哦，要不就会淋雨啦！”

爸爸说话的时候，天上原本像企鹅一样的云慢慢变成了棉花糖的样子，灵灵说：“爸爸你看，是不是快下雨啦？”

爸爸抬头看看天空，说：“是啊，我们赶快回家吧！”灵灵和爸爸开始急匆匆地往家里赶。在回家的路上，灵灵听到不远处传来了轰隆隆的雷声。

知识链接

天空中有各种不同颜色的云，有的晶莹洁白，有的一团乌黑，有的灰蒙蒙一片。这是由云的厚薄决定的，我们所见到的各种云的厚薄相差很大，因而呈现出不同的色彩。

小实践 在晴天和阴天观察云的颜色、形状、变化。

大自然的“魔法”

知识点

大自然是奇妙无穷、变幻莫测的。它将自己的“魔法”藏在一个巨大的潘多拉盒子中，有时它会将自己调皮的一面展现给我们，于是有了下雨、打雷与闪电。

初春时节，乐乐跟随爸爸妈妈到城郊附近的小村庄游玩，去领略那里的乡土人情和秀美风景。在去往小村庄的途中，乐乐在车上一个劲儿地唱歌：“春天在哪里呀，春天在哪里，春天在那青翠的山林里……”

几个小时过去，他们终于到达了目的地。乐乐一下车，就看到漫山遍野的翠绿扑面而来，青青的山峦，青青的树林，清清的河水。暂时告别了城市的繁华与喧闹，来到这幽静清新的小村庄，乐乐深呼吸了一口，觉得心旷神怡。

“爸爸，我们快去放风筝吧！”爸爸和乐乐从行李包里拿出风筝和风筝线，往不远处的一片草坪空地跑去。

忽然，天空中划过了几道闪电，一会儿又听到了轰隆隆的雷声。

天空慢慢地变黑了，爸爸停下脚步，对乐乐说：“乐乐，好像要下大雨喽！”话音刚落，天空马上就像变脸一样，噼里啪啦下起雨来。

乐乐和爸爸赶快躲到一个屋檐下避雨。乐乐看看手中的风筝，又看看下雨的天空，说：“爸爸，为什么天空会下雨，会闪电，会打雷呢？老天爷真的像一个魔法师，刚才还晴空万里，突然就雨声大作了！”

爸爸摘下眼镜擦了擦，对乐乐说：“其实，这一切都是大自然的杰作，是大自然中的一种物理现象！天上下的雨来自空中的云，而我们所看到的白色云朵其实就是水的凝结物，因为太阳照射着我们地球上的江、河、湖、海，这其中的水受热蒸发就形成了水蒸气。当云中的水滴达到了一定的程度，也就是不能被上升的气流顶托住的时候，水滴就会落在地面上，越落越多，这就是我们所看到的雨。”

“那为什么又会有闪电和打雷呢？”乐乐意犹未尽地继续问。

“噢，孩子，闪电其实是高空中运动的云层相互摩擦时产生的静电，当静电积累到很多时就会放电，形成了我们看到的划破长空的闪电；而我们刚刚听到的轰隆隆的雷声，实际上就是闪电穿过空气时产生的振动，明白了吗？”爸爸耐心地回答。

乐乐挠了挠他的小脑袋，恍然大悟地说：“大自然真是太神奇了！”

一会儿雨停了，乐乐和爸爸拿着风筝，带上水壶，呼吸着雨后清新的空气，继续向翠绿的山林进军了。

知识链接

通常我们先看到闪电，再听到打雷声。这是因为在空气中，光的传播速度快，很快就能到达地面，而声音在空气中的传播速度慢，过一会儿才会传到大地上来。实际上闪电和雷声是同时出现的。

小实践 和小伙伴们讨论一下，下雨前是先听到雷声还是先看到闪电？

地震发生的时候

知识点

地震发生前夕，会有一些异常现象发生。地震发生时，要选择合适的避震空间，并做好自我保护。

最近小林在学校里听了一次如何避震的报告。一位专门研究地震的专家给他们讲了地震发生的前兆、地震发生时如何避险等常识。

专家姓王，同学们都喊他王爷爷。

王爷爷问大家："你们知道地震发生之前会有哪些异常现象发生吗？"

小林连忙举手回答说："汶川大地震发生的前一个小时，我们楼顶上的狗狗叫得可反常了。"

小杰接着说："鸡鸭会跳上墙，青蛙爬出了水塘。"

王爷爷说："是啊，地震发生前一些动物会显得惊慌不安，农村的牛、马、驴、骡会乱闹乱叫，不进厩、不进食、打群架，或者挣断缰绳逃跑。这是因为许多动物的某些器官感觉特别灵敏，伴随着地震产生的

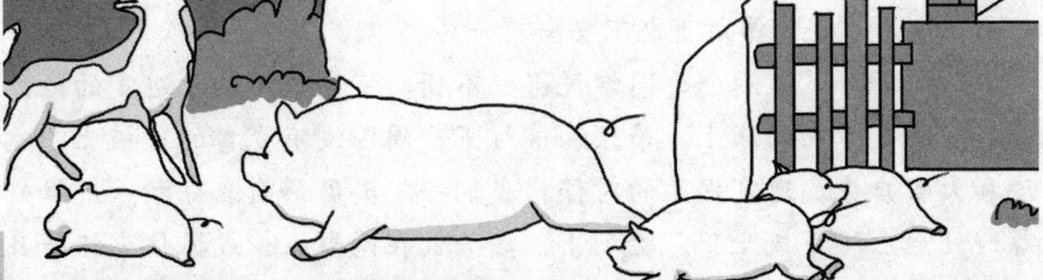

物理、化学变化，往往会使动物的感官受到刺激而发生异常反应，所以它能比人类提前知道一些灾害事件的发生。除了动物的反常表现之外，井水、泉水也会出现发浑、冒泡、升温、变色、变味、突升、突降等状况。”

王爷爷又问大家：“如果地震发生的时候，你正在家里，这个时候应该如何避险呢？”小薇说：“逃到卫生间。”小米说：“藏到桌子底下。”

王爷爷说：“这两个小同学说得对。地震发生后，首先要抓紧时间避险。假如晃动比较轻，说明震源比较远，只要躲在坚固的家具旁边就可以了。大地震从开始到结束，时间不过十几秒到几十秒，所以抓紧时间避震至关重要。其次，要选择合适的避震空间，哪位小同学说说室内较安全的避震空间有哪些呢？”

小杰举手回答说：“有墙根、墙角、卫生间。”

王爷爷点点头说：“说得好，墙根、墙角、有水管或暖气管道的地方，都是比较安全的躲避地震的地方。那么，室内哪些地方最不利于躲避地震呢？”

小林抢着回答：“靠近窗户玻璃的地方最不安全，因为玻璃一旦破碎容易将人刺伤呢。”

小璐说：“还有吊灯下也不安全。”

王爷爷说：“这两个小同学说得也不错。室内最不利于避震的地方是：没有支撑物的床上，吊顶、吊灯下；周围没有支撑的地板上、玻璃和大窗户旁。地震发生的时候，我们一定要做好自我保护。选择好躲避处后应蹲下或坐下，脸朝下，额头枕在两臂上；或抓住桌腿等身边牢固的物体，以免地震时摔倒或因身体移位而受伤；用手护住头部或后颈；保护眼睛，低头、闭眼，以防止异物伤害；保护口、鼻，有可能时，可用湿毛巾捂住口、鼻，以防灰土、毒气。”

王爷爷接着问：“如果地震发生的时候，你正在学校，应该如何避震呢？”

同学们说了很多，王爷爷最后总结说“地震时，如果你正在操场或室外走路，可以原地不动地蹲下，双手保护好头部，注意避开高大的建筑物或危险物。如果你正在教室，可以先躲到桌子底下，震后应当在老师的指挥下有秩序地撤离。注意，千万不要跳楼，不要站在窗前，不要到阳台上去！”

通过这次地震讲座，同学们增长了见识，了解到了好多和地震有关的常识，都觉得受益匪浅。

知识链接

地震震级是根据地震时释放的能量的大小而定的。一次地震释放的能量越多，地震级别越大。

小实践 在家庭或学校组织一次地震演习，锻炼小朋友防震避险的能力。

沙漠化的危害

知识点 植被遭到破坏之后，地面失去覆盖，如果遇上干旱气候和大风，绿色的原野就会逐渐变成荒漠，也就是通常所说的沙漠化。

一个春日周末的午后，小米和爸爸坐在沙发上看电视，电视里播放着《人与自然》的节目，正在讲述沙漠的形成。小米看得似懂非懂，就要求爸爸带她到离家不远的海滩上走走，顺便给她讲讲沙漠形成的原因。

很快，小米和爸爸就来到了海边。腥咸的海风吹到脸上，有些凉意。

小米在沙滩上一边捡贝壳，一边听爸爸讲沙漠形成的原因："沙漠的形成必须有风和沙，还必须有干旱的气候条件。"小米好奇地问："我们这里也有风，也有沙，可是为什么没有沙漠呢？"爸爸说："我们这里不干旱，所以没有沙漠"。

"那沙漠中的沙又是怎么来的呢？"小米问道。爸爸说："一个地方

如果气候干旱，加上乱砍滥伐，森林、树木、草原受到了严重的破坏，就容易形成沙漠。但是沙漠的形成还有一个重要因素，就是要有丰富的沙源。比如中国的塔克拉玛干沙漠的沙源于古河流的冲积物，塔里木河中游的沙漠来自现代河流的冲积物。”

“那什么是沙漠化呢？”小米又问。爸爸说：“当下，由于一些地区将大片林木砍伐，开垦成农田，也有一些地区乱砍滥伐、放牧过度，这样原来的绿地、树木等植物就会遭到破坏，这些植被遭到破坏之后，地面就失去了覆盖，如果遇上干旱气候和大风，绿色的原野就会逐渐变成荒漠，也就是通常所说的沙漠化。”

小米从沙滩上捡起一枚五彩的贝壳，在手里把玩着，问道：“那沙漠化有什么坏处呢，爸爸？”

爸爸耐心地对小米说：“沙漠化的危害可大了，对农业发展的威胁特别大。由于沙漠化导致的水土流失、土地贫瘠，已经使不少国家遭致连年饥荒。如果任沙漠化继续下去，本世纪末，预计损失的耕地将会达到目前耕地的1/3，这是多么危险的信号啊！因此，我们要多种草多种树，营造防护林，以达到退沙还土的目的。保护和利用好土地，就是保护了绿色家园，也就保护了人类自己啊！”

小米感慨地说：“人与自然的关系是多么微妙呀。人类爱护自然，自然就回馈给人类以财富；人类破坏了自然，自然界就会反过来惩罚人类。”

爸爸搂着小米的肩膀说：“是啊，我们的小米说得多精辟啊，这就是自然的法则。”

知识链接

在沙漠地区，有计划地栽培沙生植物，不仅能长期地固定流沙，而且还能改变沙区的生态环境和气候条件，以达到沙漠土壤改良的最终目的。

小实践 查阅相关资料，找出我国沙漠化严重的地区，想想对策吧。

森林的生态功能

知识点　森林除了净化空气，还可以保持水土，减轻风、旱、涝等灾害，减少噪音污染。

植树节到了，小林跟着爷爷到郊外的山坡上植树。爷爷一边种树，一边讲着和森林有关的常识。

爷爷说，很早很早以前，我们这里分布着大片茂密的森林，森林可是人类的好朋友啊！它为我们提供新鲜的空气、大量的木材、各种好吃的野果，可是，现在有些人却急功近利，乱砍滥伐，以至于森林面积越来越少，生态平衡遭到了严重的破坏，真是罪过啊！

小林问爷爷："爷爷，森林可以为工厂提供木材，还可以为人类提供食品，为动物提供饲料。除了这些，它还有什么作用呢？"

爷爷一边挖坑一边说："森林的作用可大了。它像个吸尘器一样，可以净化污浊的空气呢。"

小林抢着说："爷爷，我知道，森林中的树木通过光合作用，可以

吸收二氧化碳，释放出氧气，这样就可以保持大气中氧和二氧化碳的平衡。森林是不是通过光合作用来净化空气的呢？”

爷爷点点头说：“是啊。当今社会，由于工业发展迅速，人口也在不断地增加，工厂、车辆、生活等方面排出的二氧化碳的浓度急剧增长，如果没有绿色植物来吸收这些二氧化碳，释放出氧气，地球上的氧气就会越来越少，人们的呼吸都会受到威胁！在城市里，一个居民只要有十平方米的绿地面积，就可以全部吸收呼出的二氧化碳呢。”

小林忧虑地说：“可惜，城市里的楼房越来越多了，绿地却越来越少了。爷爷，你说森林像个吸尘器，那它除了能够吸收二氧化碳以外，还能吸收哪些有害气体呀？”

爷爷把树坑挖好了，小林双手将小树放进树坑里，爷爷一边给小树培土一边说：“地球上每年被绿色植物的光合作用吸收的二氧化碳达2000亿吨。地球上如果没有森林，后果不堪设想啊。森林除了吸收二氧化碳，还可以减少空气中的灰尘和细菌。所以，森林被人们称为‘地球的肺’。”

小林用力扶住小树苗，说：“原来是这样啊，如果我们伤害了‘地球

的肺’，地球就会生病了。地球如果生病了，我们生活在地球上的人不是也要生病吗？”

爷爷说：“所以我们要植树造林，保护好地球呀！森林除了净化空气，还有保持水土，减轻风、旱、涝等灾害，减少噪音污染的作用呢。比如下暴雨的时候，森林的树冠可以挡住一部分雨水，避免暴雨对地面的直接冲刷；树木的根、枯枝、落叶也能吸收一部分水分，防止水土流失。”

爷爷培好土，浇了水，一株挺拔的小树苗就在山坡上安家了。爷爷笑眯眯地看看小树苗，又看看不远处植树的人们，说：“其实森林对人类的生态功能远远超过了它所提供的林木和林产品的价值，所以要大量地植树造林，再也不能乱砍滥伐了！”

知识链接

森林的大量消失，使生态系统遭到破坏，失去平衡，出现了生物物种灭绝、气候异常、河流干涸、农业歉收、沙漠化日益严重等一系列问题，直接破坏了人类的生存环境。

小实践 植树节快到了，你和小伙伴们策划一次有意义的植树活动吧。

旅途中的沙尘暴

知识点 沙尘暴是沙暴和尘暴的总称，多发生在内陆沙漠地区。沙尘暴的物质基础是沙尘，动力是风。干旱、少雨、大风、植被稀疏的自然条件，会使沙尘暴越发强烈。

今年暑假，小米和爸爸妈妈随旅行社到新疆旅游。当汽车走到新疆西部的某个小城时，突然遇上了沙尘暴。铺天盖地的沙尘使司机看不清前方的道路，只好关紧窗户，打开空调的内循环，在半路停了下来。

导游趁机向大家介绍这里的天气和沙尘暴的情况。他首先给大家介绍什么是沙尘暴，对于终年生活在成都的小米一家人来说，他们是看不到沙尘暴天气的，对沙尘暴的形成也了解甚少。导游说沙尘暴是沙暴和尘暴的总称，是指强风把地面上大量的沙尘物质吹起并卷入空中，使空气特别混浊，水平能见度小于一千米的严重的风沙天气现象。其中沙暴指大风把大量沙粒吹入近地层所形成的挟沙风暴；尘暴则是大

风把大量尘埃及其他细粒物质卷入高空所形成的风暴。

小米吐了吐舌头，调皮地说：“沙暴、尘暴，我可是第一次见到。”

导游看看小米，接着说：“离这不远处有个小县城叫柯坪，位于塔里木盆地的西部边缘。小朋友，你知道著名的塔克拉玛干大沙漠在哪里吗？”

小米摇摇头说：“不知道。”导游接着说：“塔里木盆地的中心就是塔克拉玛干大沙漠呀。因为塔里木盆地处于欧亚大陆的腹地，远离海洋，又有高山阻挡，海风不易到达，所以气候特别干燥。每逢春夏季节，塔克拉玛干大沙漠持续高温，容易在盆地中心形成热低压，盆地中的低层气流强烈辐合上升，而盆地四周的冷空气便急速来补充，这就形成了猛烈的大风，大风将沙漠中的尘土、沙石吹起，使空气很混浊，所以每年春夏季节，是柯坪发生沙尘暴最多的时候。柯坪也是我国发生沙尘暴天数最多的地方。”

“哥哥，除了这些原因，还有什么原因会造成沙尘暴呢？”小米大声地问导游。导游说：“人类大量开垦荒地，也是导致土壤沙化的一个重要原因。我们国家有些地区的森林覆盖率本来就不高，可是还有很多人大量砍伐木材，开矿，使得土壤裸露，土地沙化的面积迅速扩张。

还有，由于人口膨胀，导致过度地开发自然资源、过量砍伐森林、过度开垦土地，这也是沙尘暴频发的重要原因。再加上强劲的风，就形成了沙尘暴。”

“那怎样才能减少沙尘暴呢？”小米又问。导游哥哥说：“首先要加强环境的保护，不要乱砍滥伐。其次是要大面积植树造林，恢复植被，防止土地沙化进一步扩大。还要控制人口增长，减轻人为因素对土地的压力，保护好环境。”

小米心里想，这次旅游，虽然遭遇了沙尘暴有些扫兴，但是也因此了解了一些和沙尘暴有关的知识，还是很有收获啊！

知识链接

沙尘暴对人类也有有益的一面，除了造就黄土高原以外，碱性的沙尘进入大气中可以与空气中的酸性物质中和，达到抑制酸雨的效果。此外，它从沙漠地带带走的营养成分落到海洋，为海洋生物提供了充足的养料。

小实践 向身边的人讲一讲，如果在户外遇到沙尘暴，该如何保护自己？

故宫建筑群的斑点

知识点 一般PH小于5.6的降水称为酸雨，酸雨主要是人为地向大气中排放的大量酸性物质造成的。酸雨会对人类的生活和环境造成一定的污染，故宫建筑群的斑点就是酸雨造成的。

“同学们，告诉大家个好消息，明天我们将去参观故宫博物院。”

李老师的话刚出口，同学们就激动地议论起来：“哇，我们要去参观古代皇帝生活过的地方啊！”

“请大家回去多了解一些与故宫有关的常识。参观故宫回来我们要展开一场讨论。”李老师给大家布置了任务。

小雪是从外省转学来的，刚到北京没多久，还没去过故宫呢，很想见识一下故宫的风采。回到家里，小雪就认真查阅资料，了解故宫的历史、现状，做了五六页的笔记，连吃饭都顾不上了。

爸爸走过来，看到小雪做的笔记，说：“小雪，你怎么想起来研究故宫了？”小雪把周末要到故宫参观的事儿告诉了爸爸，还问爸爸：“老师让我们了解故宫近些年来发生了哪些变化，你知道吗，爸爸？”

爸爸说：“故宫建筑群近些年来最大的变化，就是被酸雨侵蚀过，原来漂亮的建筑物上出现了许多难看的斑点。”

“啊？怎么会出现斑点呢？那是什么原因造成的呢？”小雪焦急地问。

爸爸端起茶杯，喝了一口水说：“是酸雨造成的。”

小雪好奇地说：“酸雨啊？就是带酸味的雨吗？”

爸爸说：“由于现代工业的迅速发展，工厂所燃烧的煤炭和石油，

大量的汽车尾气的排出，使空气中含有大量的二氧化碳、二氧化硫等有毒气体，这些气体和水蒸气、雨水发生化学反应，就生成了酸性的降水，被称为‘酸雨’。酸雨和大理石中的碳酸钙发生了化学反应，使得这些建筑物逐渐地破坏掉了，而难看的斑点就是被酸雨腐蚀的痕迹。”

小雪感叹地说：“又是空气污染造成的！我们生活的环境真让人担忧啊！爸爸，这种酸雨只在北京才有吗？”

爸爸说：“酸雨腐蚀建筑物的情况在埃及也发生过。20 世纪 70 年代的时候，人们发现，每次下过雨后，在金字塔的狮身人面身上就增加了许多难看的大黑斑，有的地方甚至还大块大块地往下掉。印度的泰姬陵全部采用大理石做材料，非常美丽，是印度建筑史上的骄傲，可最近几年来，原本纯洁的大理石开始变质，出现了许多难看的斑点。所以，酸雨被称之为‘现代的空中死神’，它对土壤、农作物、地下水都有极大影响，也是世界各国共同关心的全球性环境问题之一。”

从爸爸这里，小雪一下子了解到这么多关于故宫、关于酸雨的知识，非常开心。她想，明天参观故宫的时候，一定要好好观察一下，那些建筑物上除了有斑点，还有哪些变化。回来后小组讨论的时候，她将准备精彩的发言。

知识链接

世界上受酸雨影响最严重的是欧洲和北美许多国家，它们在遭受多年的酸雨危害之后，终于都认识到，防治酸雨是一个国际性的环境问题，不能依靠一个国家单独解决，必须共同采取对策，减少硫氧化物和氮氧化物的排放量。

小实践 观察一下自己所在城市的建筑物，有没有被酸雨侵蚀过的斑点。

第4章

危险的小岛

变化的家乡

知识点 曾经山清水秀的小村庄，因为修建了污染严重的工厂，蓝天白云的天气越来越少了，河水也越来越浑浊了，原来的家乡哪儿去了？

小林在作文里描写了他记忆中的家乡：一个山清水秀、依山傍水的小村庄。那里有蓝蓝的天空，洁白的云朵，郁郁葱葱的树木，绿油油的庄稼。小鸟儿们快快乐乐地在树林里唱歌、做游戏。油菜花开的季节，田野里一片金灿灿的。远方的青山和金灿灿的花搭配在一起，真是一幅美丽的田野风景画。

小林出生的村子旁有一条宽广的大河。清澈的河流里有小鱼小虾们在自由自在地游泳。夏天，许多孩子一起在河里游泳，跟河里的小鱼小虾一起玩耍嬉戏。冬天，河流结冰了，光滑干净的河面又成了孩子们溜冰的乐园。那条河流给小林的童年留下了太多美好的回忆。

小林清楚地记得，在他上小学二年级的时候，村里一夜之间就搬进了三个工厂。起初大家都还沉浸在家乡变化的喜悦里，因为许多人可

以进工厂工作，解决了大家的生存问题。当夏天来临，小林开始吵着要去河里游泳，爸爸没有办法，只能由着他和伙伴们去了。可是，当看到那条熟悉的河流时，小林惊呆了：清清的河水变得污浊了，而且散发出一种难闻的味道，河里的鱼虾也没了踪影。下河游泳是没有可能了，小林和伙伴们呆呆地站在河边，像失去了一个亲密的伙伴一样，伤心地哭了起来。

“工厂的污水没有经过处理就往河里排，大河变成臭水沟是迟早的事啊。”爸爸一边对小林解释，一边摇头感叹。

这些年，小林渐渐感觉家乡的一切都发生着变化。路，越来越宽了；车，越来越多了；楼房，越来越高了；公路两旁的花，也越来越漂亮了。可是蓝天白云的天气越来越少了，阴天却越来越多了；河水越来越浑浊了，青蛙和鸟儿的叫声也越来越少了。杜甫诗歌里描述的“春眠不觉晓，处处闻啼鸟”的意境、辛弃疾诗歌里描述的“稻花香里说丰年，听取蛙声一片”的意境再也没有了。

当看着曾经绿油油的土地被各种工厂代替，当看着曾经漫天飞舞的树叶被弥漫的浓烟代替，当听着曾经清脆悦耳的鸟叫声被轰隆的机器声代替，小林曾在心里无数次反问自己：我还爱我的家乡吗？

大河对家乡的人来说太重要了，它既是家乡人的饮水之源，还给每个人的童年留下了美好的回忆。小林听爸爸说，村民们已经向有关部门提议，工厂排出的污水必须进行处理才能流进大河，同时要求工厂出资治理已经遭污染的河水。

小林多么希望有一天，工厂搬迁了，河水重新变得清澈了，小鱼小虾在河里自由地游泳，鸟儿的鸣叫声又响起来了，过去那个山清水秀的村庄又回到我们身边了。

知识链接

古往今来，家乡一直是文人们谈论的永恒话题。历代诗人借诗言志，表达自己对家乡的思恋，由此便产生了无数脍炙人口的诗篇。

小实践 组织小朋友进行一次演讲比赛，主题是：你喜欢现在的家乡还是原来的家乡呢？

“喧闹”的城市

知识点 噪声污染包括汽车的鸣笛声、施工的噪音、菜市场吵闹的噪音等。噪声污染也是环境污染的一种，对人类的健康造成极大危害。

小远一家搬进新家已经一个月了，但是小远最近心情不好。不是因为自己，而是因为看到爸爸每天下班后都很疲惫，自己又无能为力。

因为爸爸工作调配的需要，小远一家从郊区搬到了市区。刚搬进来的时候，一家人很兴奋，因为新家周围很热闹，白天黑夜几乎都一个样。晚上听着汽车鸣笛的声音，就觉得自己真正融入了这个“喧闹”的城市。

但是渐渐地，一家人都感觉力不从心了，特别是整天忙碌的爸爸，总是感觉自己全身疲乏，而且经常头痛。

刚开始的时候，小远爸爸就这么忍着，觉得可能是太累了，也没在意。但就在昨天，爸爸这个“工作狂”竟然请假在家休息了，小远知道问题严重了。

星期天，小远和妈妈陪着爸爸去医院看病。小远听爸爸跟医生说：“自从搬进新家，晚上就难以入眠，刚开始还以为是刚搬家的兴奋所致，但是都过去好几天了，还是这样。晚上听着楼下汽车来往的声音，就是无法入眠。也可能是工作压力太大了吧，但是设计师的工作已经做了那么多年了，一直没有过这样的感觉啊。”

医生专心地听着爸爸的叙述，点点头，示意爸爸继续。“现在工作经常出错，注意力分散，反应迟钝，工作效率也低了。”说着，爸爸摇摇头。小远和妈妈看着憔悴的爸爸，揪心极了。

医生听了爸爸的描述，问：“是不是还经常头痛，觉得自己记忆力减退了啊？”爸爸点点头。

医生不问什么了，仿佛已经知道了爸爸的病根在哪儿。医生说：“根据你的描述，我判断你是神经衰弱。病根不在你身体里，而是噪音污染所致。现在城市里的噪音早就超标了，导致了许多像你这样的患者。噪音轻则导致多梦，睡眠质量下降，干扰工作、学习，重则产生头痛、脑涨、耳鸣、失眠、全身疲乏无力以及记忆力减退等。所以，你想治好病，不能靠药物，只能远离现在的生活环境。”

为了一家人的身体健康，小远的爸爸妈妈决定，在城郊租一个环境好一点的房子。

又要搬家了，这回小远家搬进了一个绿化很好、环境幽静的小区，虽然离爸爸上班的地方远点，但是一家人又恢复到平静的生活状态了。

但是，小远爸爸还是有点担心，这么多人饱受噪音的危害，总不能每个家庭都搬进这样的小区来吧，如果找不到一个好的生活环境怎么办呢？想到这里，小远爸爸只能寄希望于政府了，希望政府能拿出相应的管理措施，让噪音降低到我们可以接受的范围，让所有人都远离这个“喧闹”的城市！

知识链接

随着近代工业的发展，环境污染也随着产生，噪声污染是环境污染的一种，已经成为对人类的一大危害。噪声污染与水污染、大气污染被看成是世界范围内三大主要环境问题。

小实践 调查一下你生活的周围有哪些噪音污染，如果影响到居民生活就向有关部门反映情况。

淡蓝色的“炊烟”

知识点 在车水马龙的街头，一股股淡蓝色的烟气从一辆辆机动车的尾部喷出，这就是通常所说的汽车尾气。这种气体排放物气味怪异，危害人的身体健康。

放暑假了，一直住在偏僻乡下的姑姑和表弟豆豆来到了乐乐家。从没来过城市的豆豆对什么都很好奇：高楼大厦、车来车往……乐乐也为有这么个活泼可爱的小玩伴而高兴，每天都带着豆豆到处参观游玩。

有一天，当他们走在马路上的时候，豆豆突然指着前面的一股烟雾说：“乐乐哥哥，城里也有我们乡下烧饭时的炊烟啊！”乐乐知道，豆豆所说的“炊烟”其实是公路上许多汽车排放的尾气，混合在一起形成的一层淡蓝色的烟雾。他耐心地向弟弟解释说：“豆豆，那不是炊烟，是汽车排放的尾气。”

夏天天气很热，豆豆自从发现淡蓝色“炊烟”之后就一直对它很感兴趣，每天都要在公路边上观看。

有一天下午，豆豆突然觉得头昏胸闷，可把一家人给急坏了。后来到了医院，医生问了情况，才知道是因为豆豆喜欢闻汽车的尾气。医生说，汽车尾气中含有上百种不同的化合物，这些气体排放物不仅气味怪异，而且会令人头昏、恶心，影响人的身体健康，要尽量避免去闻这种气味。无需治疗，只要换个空气清新的地方生活就可以了。

回到家，乐乐的嘴巴噘得老高，他有一种被骗的感觉。本来以为城里好，还以为“淡蓝色”的炊烟是新鲜好玩的东西呢，没想到是个大坏蛋，还把自己弄得生病了。

乐乐的爸爸在网上查了一下，说：“现在汽车的数量越来越多，交通越来越拥堵，‘汽车灾难’已经形成，由此带来的汽车尾气更是害人不浅。汽车尾气形成的光化学烟雾对健康的危害很大，主要表现为刺激眼睛，可以引起红眼病；还刺激鼻子、咽喉、气管和肺部，会引起慢性呼吸系统疾病。光化学烟雾能使树木枯死，农作物大量减产；还能降低大气的能见度，妨碍交通呢。”

豆豆听了医生的话，再也不到马路上看“炊烟”了。他觉得还是乡下的炊烟好，没有城里的“炊烟”这么可怕。于是他和妈妈坐上了回乡下的火车，并和乐乐约定，放寒假的时候，请乐乐到乡下来呼吸新鲜的空气，来看和城市里不一样的风景。

知识链接

1943年9月，有一种淡蓝色的光化学烟雾，弥漫在拥有200多万辆汽车的美国洛杉矶上空，导致果树和人行道边上的树木枯萎，许多居民眼睛红肿流眼泪、胸口发闷、咽喉疼痛，400多人因此死亡，这一事件的罪魁祸首就是有毒的汽车尾气。

小实践 收集汽车尾气减排的相关信息，了解它的危害，倡导节能减排。

被关闭的发电厂

知识点

如果发电厂释放的有害气体超标，会严重危害周围居民的身体健康。空气污染给人们的身体健康带来极大的危害，我们的生活区应该远离污染源，同时，市民应该协助政府对空气污染采取有效措施。

小杰家住在一家发电厂附近。这一带的空气质量非常不好，每当到了冬季和春季，得哮喘病、肺炎的人特别多，连公路旁的树木也耷拉着脑袋，出现一些伤斑。

初春天气变化无常，小杰感冒了，咳嗽了好久都没有痊愈。

一天，妈妈带小杰到林阿姨家串门，聊到小杰一直咳嗽不愈的情况。林阿姨是省医院的护士，她听了小杰妈妈介绍的情况，说："咳嗽可能与空气污染有关，你们家附近不是有一个发电厂吗？发电厂释放的二氧化硫和粉尘对空气的污染很大，会使人的喉咙不适，导致长期咳嗽不愈的情况。"

小杰妈妈点点头说："是啊，我们那一带的空气确实不好，我也有慢性咽炎呢。"

林阿姨顺手拿起一本环境方面的书，翻到其中的一页说："我最近在写一篇和空气污染有关的论文，看到这样一个案例，觉得很震惊。你看，这里写的是1952年英国

伦敦发生了震惊世界的‘伦敦雾’空气污染的事件。因为那几天伦敦无风有雾，工厂烟囱和居民取暖排出的废气烟尘搅和在一起，冒出滚滚黑烟，黑烟中饱含着因燃烧产生的大量二氧化碳、二氧化硫等气体和烟尘，在空中形成一口浓黑的‘大锅’，扣在伦敦市区的上空经久不散，许多市民感觉胸闷、喉痛，喘不过气来，医院里涌入了大批病人，短短一周内，因支气管炎、肺炎、肺结核等疾病发作死亡的人数竟达4700人。烟雾散去后，又有8000人病死，大多数是抵抗力差的老人和孩子。”

小杰听到这里，拉开架势，模仿动画片里的语气说：“空气污染这个恶魔太可恨了！我要变成超级神兽，斩除这只妖魔！”

林阿姨和小杰妈妈都被小杰的表演逗笑了。林阿姨拿出一张纸，写下一个电话号码，递给小杰妈妈说：“这是一个老中医的电话，在纵横路的老中医诊所，专治呼吸道疾病的，你抽空带小杰去看看吧。”

第二天，小杰妈妈就带小杰去看了老中医。老中医给小杰把了脉，问了一些相关的情况，给小杰开了一些中药调理身体，说：“要使孩子不生病，最重要的是让孩子呼吸干净的空气，喝干净的水，让孩子加强锻炼，增强孩子的抵抗力。如果你们不能搬家，就只有呼吁政府关闭发电厂，因为这个发电厂释放的有害气体已经远远超标，威胁到周围多数人的身体健康了。”

小杰吃了老中医的中药，加上锻炼身体，咳嗽慢慢好了。但是，他一直记着老中医的话，希望政府能够关闭这个发电厂，让周围的人生活在没有空气污染的环境中。

有一天，爸爸带来一个特大好消息，市政府通过了人大代表的提议，为了保护这一带居民的身体健康，决定下个月关闭这个释放有害气体的发电厂，政府将为厂里的职工另行安排工作。

小杰兴奋地跳起来，他想象着发电厂关闭之后，这里空气清新、阳光明媚、晴空万里的景象，激动地流下了眼泪。

知识链接

工业生产、汽车尾气都是大气污染的重要来源。城市中大量民用生活炉灶和采暖锅炉需要消耗大量煤炭，煤炭在燃烧过程中也会释放大量有害物质污染大气。

小实践 了解你所在城市的空气质量。如果你发现周围有发电厂、化工厂对人们的健康造成危害，向有关部门反映情况。

被污染的海水

知识点　海洋是生命的摇篮，但是不合理的海洋开发以及向海洋倾倒污水，使得海水被污染，破坏了海洋动植物的生长环境。

“快来救我！快来救我！我快不能呼吸了！”小海拼命地喊叫，却无人理睬他，他着急地哭了……

在梦里，小海化身成了一只小虾，在海里游啊游啊，时进时退，时快时慢，东张西望，却发现怎么连一条鱼的影子都看不见了呢？

前面突然出现了一只海龟，小海连忙追上去问道：“海龟爷爷，怎么这片海连一条小鱼都没有呢？”海龟漫不经心地回答道：“它们估计都被憋死了吧？”

小海忽然觉得自己呼吸困难了，就往海面上游，希望呼吸一下新鲜空气。可是有好多东西压着他，就像是水里滋生的水葫芦，黑压压一片。他睁开生疼的眼睛，仔细辨认着，原来是香蕉皮、烟头、塑料袋之类的东西挡住了他的视线，阻碍着他的呼吸。他想，一定是这些垃圾污染了河水，使得大量鱼儿因缺氧而死亡。

但他仍有很多的疑问，就游回去继续问海龟。从海龟那里，他了解到这里是渤海湾，曾经是一片美丽辽阔的海域，犹如人间天堂，令人神往。可现在只剩下满目疮痍的景象。海龟意味深长地对他说：“孩子，我们是人类的朋友，我们生存的环境更是人类生命的摇篮，我们无私

地为人类提供各种资源，而他们回报给我们的是什么呢？他们往海里扔垃圾，倒污水，破坏森林导致水土流失，从而导致海水变浑，进而危及我们的生命。”

听着听着，小海哭了，他想起自己曾经向海里扔过垃圾，但他并没有意识到自己的行为会伤害到美丽的大海和可爱的鱼儿。海龟安慰小海说：“别哭了，孩子，哭是不能解决问题的，我们只有从现在做起，从一点一滴做起，爱护美丽的海洋，我相信，美丽的大海会回来的，可爱的鱼儿也会回来的！”

小海听了后，既幸福又愧疚，因为只有他自己知道，这一切的问题都是他和他的同类造成的。于是，他怀着满心愧疚迫不及待地投入到保护大海的实践中。同时，他还鼓励身边的人，也要保护海洋，保护我们生命的摇篮。他相信，只要人人都献出一点爱，从自身做起，那么困难就迎刃而解啦，就可以创造出一个和谐的生存环境。

知识链接

由于工业的发展和人口的增多，大量的废水和固体废物被倒入海水，加上海岸曲折造成水流交换不畅，使得海水的性状发生改变，对海洋的生态平衡构成危害，也威胁到海生物的生存。

小实践 以小组为单位，在社区策划一次保护海洋环境的宣传活动，呼吁人们不要往海里乱丢垃圾，乱排污水。

水珠家族的厄运

知识点

水是生命的基础，是万物之源。来自工业、农业等各方面的污染，影响到人类饮用水的质量，对人类的身体健康有着极大的危害。

水珠家族由成千上万颗晶莹剔透的小水珠组成，每一颗小水珠都有许许多多的兄弟姐妹。它们每天都聚集在一起，欢快地流淌，顺着窄窄的小河道向前奔去。

被阳光照耀的时候，每颗小水珠都闪闪发光，更加圆滑，像一颗透明的珍珠，尤其是珠珠、清清和莹莹，在所有的小水珠里，它们三个是家族里公认的最漂亮、最有活力的小水珠。珠珠喜欢唱歌，莹莹喜欢跳舞，清清最爱干净。它们和所有的小水珠每天都快乐地在一起，一起享受太阳的温暖，一起看河岸上的青草绿树，一起感受河道里鹅卵石的抚摸。它们最高兴的就是天上下一场大雨，这样它们就会多很多的兄弟姐妹，它们的水珠家族也就更强大！

可是有一天，水珠家族的快乐生活突然被破坏了。当水珠家族来到一个看不到太阳、满天黑云的地方，它们觉得很奇怪，为什么太阳躲在了黑云背后不出来呢？后来，它们发现这里的小草和大树很少，只有一些干枯的树枝和荒草躺在不远处，簇成一团，而且水珠们还发现它们身体底下的鹅卵石也没有了，只有黑乎乎的污泥，散发着一股呛鼻的恶臭，水珠们也开始变得脏兮兮的。

更可怕的是，水珠家族不能再向前流淌了，因为它们前面的河道被有一大堆五颜六色的"垃圾"堵住了，水珠们流不出去了。

水珠家族被困在了这个看不到太阳、小草、大树的污泥潭里，大家开始着急了，但是谁也没有办法。珠珠不再唱歌了，莹莹不再跳舞了，清清的身体也不再清亮，变得黑乎乎的。

天上的太阳尽管黑蒙蒙的看不到，却发出很多的热量，晒得所有的小水珠们身体发烫，许多小水珠经受不住就化作蒸汽飞走了。这样水珠家族一天天的变小，再也没有从前的快乐了。

让水珠家族想不到的是，更大的灾难还在后面。这一天，水珠们看到从它们身旁涌过来一条黑黄的水珠家族，原来它们就是人类所说的“污水”。污水闯入了清澈的水珠家族，水珠家族的小水珠们纷纷被染上了黑黄色。水珠们开始生病，先是珠珠的嗓子发不出声音，再是清清完全变成了黑色，其他的小水珠也都生了各种奇奇怪怪的病，强大的水珠家族失去了生气。在这个污泥潭里，被垃圾围攻，被污水袭击，它们再也找不回以前的快乐生活了。

知识链接

城市的生活污水和垃圾的填埋，厂矿工业的固体废弃物堆放，农业生产中化肥农药的过量使用，使得地面上的水和地表下面的水不断受到破坏和污染。污染使水的质量变差，甚至造成饮用水的枯竭，这都是一些很严重的后果。

小实践

以小组为单位，画一些“保护地下水”的宣传海报，呼吁身边的人保护地下水，爱护水资源！

植物的“温室效应”

知识点 人类大量燃烧煤、石油、天然气等能源，排放的二氧化碳不断增多，于是地球的气候越来越暖了。

星期天的早晨，妈妈带琳琳到新建的植物园玩。

走进植物园的大门，琳琳看到了好多的玻璃房子，像一个个摆放整齐的小盒子，在阳光下闪闪发光，真漂亮！透过玻璃，琳琳看到了许多以前从未见过的花儿。她一会儿指指这儿，一会儿指指那儿，不停地问妈妈那些花朵的名字。

这时候，一位戴眼镜的叔叔走了过来，他看了看玻璃房外面的一个显示屏，在仔细地察看着什么。琳琳问眼镜叔叔：“这些花为什么要生长在玻璃房子里呀，在户外生长不行吗？”叔叔告诉琳琳说：“户外温度太低，不适合这些植物生长。我检查显示屏就是为了确认里面的条件是否适合这些植物生长。玻璃有一种特殊的性质，可以让阳光加热整个屋里面的空气，同时又阻止热量散失到外面，这样，一个房间就

相当于一个保温室了。”

“原来是这样，那如果温度太高，里面的花儿会不会又热又闷呀，就像我们过夏天一样？”琳琳好奇地问。

“当然啦，植物和我们一样，如果不舒服就会生病甚至死亡。这个玻璃房子就像我们地球上空的大气一样，玻璃保证植物生长的温度，大气保证人类需要的温度。如果太冷了，我们会冻伤；太热，又会流汗。所以大气像一把撑开的保护伞，吸收阳光保证温度，从而使地球上的我们感到舒适，这就是大气的‘温室效应’。”

眼镜叔叔的话让琳琳想起了一件事，小时候每到夏天，爸爸妈妈都要带琳琳去乡下的爷爷奶奶家避暑。但是最近好几年都没去过了，听爸爸说，奶奶家后面那座山上的树木被一家木材加工厂买下了，树木都被砍伐了以后，夏天就再也不凉快了，所以就不再带她回乡下避暑了。

“大气里面可以吸收热量的气体我们把它叫做‘温室气体’，其中很大一部分是二氧化碳，我们之所以感到现在的夏天越来越热，和空气中二氧化碳含量的增多有很大关系。森林遭到破坏后，吸收的二氧化碳大大减少，而人类大量燃烧煤、石油、天然气，排放的二氧化碳不断增多，这样，空气就越来越热了。这种现象就是所谓的全球变暖，又称为‘温室效应’加剧。”眼镜叔叔接着对琳琳说。

琳琳恍然大悟，原来天气越来越热都是我们自己造成的，如果不采取措施，空气中二氧化碳越来越多，迟早有一天我们会生存不下去的。

知识链接

全球气候变暖之后，南极和北极的冰层会慢慢融化，沿海的低地就会淹没在海水中，有的城市则会有被海水淹没的危险。另外，一些生物会因为不适应突变的环境而难以生存，直至灭绝。

小实践 策划一次环保宣传活动，介绍全球变暖的原因，呼吁大家节约能源，大面积地植树造林。

翠鸟家族集体搬家

知识点 久居都市的人们都有类似的体验：夏季里城市局部地区的气温要比郊区高出很多，这种现象就是“城市热岛效应”。

公元2050年6月25日，翠鸟家族正在召开紧急大会，讨论要从城市集体迁往郊区的问题。

小青是这次大会的召集者，只见他信步走向讲话台，向大家发话了：“大家静一静，今天我们翠鸟家族高层委员会有一个重大的决定要向大家宣布。我们经过长时间的商议，决定从明天起，全体成员集体搬家，从城市搬到乡村。”

“为什么呀，我们在这儿住得好好儿的，祖祖辈辈都没有离开过。”翠鸟小鹏提出了意见，大家也跟着起哄。

“大家听我说，做这个决定是为了我们整个家族的利益。大家一定觉得这里越来越热了吧。这是因为人类在城市修建的建筑越来越密集，城市大气污染加重，汽车工厂排出的热量越来越多，绿地和水体越来越少，城市的气温远远高于郊区，这是一种被人类称为‘城市热岛效应’的现象。如果我们一直在这儿生活下去，迟早会面临灭绝。”

“哇……哇……”一听到“灭绝”这个词，小翠鸟们都大哭起来。在一旁的家长赶紧把它们抱起来，会场好不容易才又恢复安静。

“大家都亲眼看到了，最近几年来我们的家族成员连连遭受病痛折磨，得呼吸病、哮喘病的老翠鸟越来越多，皮肤癌患者人数也在年年攀升，就连我们种族的未来——小翠鸟们也情绪烦躁不安、精神萎靡、课堂上注意力不集中、记忆力下降，很大一部分成员忧郁压抑、失眠、食欲减退、消化不良，这些都是长期生活在热岛中心区引起的。为了我们的后代着想，我们必须搬家！”台下的翠鸟们很难过，有的开始悄悄抹眼泪。

小鹏也是这其中普通的一员，听了首领的话，她沉默了。

“为了逃避酷热难耐的暑气，人类常常到绿树成荫、河湖交错的郊区或乡村去享受清凉和惬意，我们经过仔细考察，也觉得郊区更适合我们家族的生存和延续。请大家理解，我们这次搬家，也许不是永久性的，一旦人类在城市居住不下去了，他们也会搬家。如果人类开始着手解决这个问题，增加绿地面积，并尽可能地扩大城市水面，那么不久的将来，我们还是可以回来的。”

小青的一番话，让大家心悦诚服，第二天，翠鸟家族就成群结队地飞向郊区了。

知识链接

随着城市的发展，市区车辆越来越多，人口越来越稠密，人为释放的热量也越来越多，城市的水域面积、绿地面积却越来越少，于是造成了市区温度高、郊区温度低的现象，这被人们形象地称为“城市热岛效应”。

小实践 向身边的人宣传“城市热岛效应”形成的原因和危害。

北极熊的危机

知识点 北极熊常年生活在北极这个寒冷的地方。数据表明北极熊的数量在日益减少，北极的冰雪覆盖率也在相应减少，这都对人类未来的生活造成影响。

“同学们，好消息！”米勒老师气喘吁吁地跑进教室，挥舞着手上的文件喊道，“我刚刚接到紧急通知，我们学校作为科学院校之一被邀请去北极做考察，为此，我们有资格推选一名同学参加考察团！”

约翰听了为之一振，心里想，去北极，这可是千载难逢的好机会！每天晚上在被窝里看百科全书的北极图片，做梦都梦到的北极，我，有机会去吗？

想到这，约翰情不自禁地喊出了自己的心声：“米勒老师！我想去北极！我非常热爱北极，百科全书里的北极景象我已经烂熟于心了，而且我体质很好。米勒老师选我吧！”

全班同学的目光都集中在约翰身上，仿佛没有任何异议！米勒老师

沉思了一会儿，说：“好，既然大家都没有异议，那么约翰，你跟我去北极考察吧！”

坐上直升机和游艇，辗转进入北纬66° 34′，白雪皑皑的景色映入约翰的眼帘，这是一个多么美丽的冰清玉洁的世界！

“约翰！看！北极熊！”米勒老师兴奋地大喊。

约翰睁大眼睛望着玻璃外的北极熊，北极熊头部相对于身体有些小，圆圆的耳朵和细长的脖子很讨人喜欢，还有它宽大的足部和标志性的白毛。正在这时，一只海豹不识趣地走了过来，北极熊是食肉动物，这下子海豹可惨了。只见北极熊用熊爪死死扣住海豹，海豹被服服帖帖地按在冰雪地上一动不动。

“瞧！约翰，这是北极熊的家，在北冰洋周围的浮冰和岛屿上。”米勒老师指着玻璃外的冰岛。

“老师，那些岛屿和浮冰够这些北极熊居住吗？”约翰好奇地问道。

“本来冰块可以反射和吸收一部分太阳的热量，但是由于环境的恶化，全球气候变暖导致海平面上升，冰块融化加速，北极熊的生活因此遭到破坏和干扰，北极熊的家园正遭受着破坏啊！”米勒老师摇头叹气道，“北极圈内的冰川在三十年内明显减少，北极熊们为了生存自相残杀，这都是人类的过错啊！”

“约翰，我们到了，下船吧！”米勒老师打开船上的大门。

约翰缓缓地走下船，轻轻地踏在洁白的冰面上。一阵风吹来，他似乎也变成了一只北极熊，和另一只北极熊正在并肩寻找食物。可是周围是茫茫的海水，在薄薄的冰面上，约翰和另一只北极熊被困在一个小小的孤岛上，孤独而茫然地看着前方，脚下的浮冰在坍陷，约翰忍不住大叫起来：“救命啊，救命啊！”

约翰吓得满头大汗地醒来，看到窗前的月光，发现原来这是一个梦！

知识链接

全球变暖是指一段时间中，地球大气和海洋温度上升的现象，主要指人为因素造成的温度上升。温度上升主要是由于二氧化碳排放过多造成的。

小实践 炎热的夏天，和小伙伴们一起做环保志愿者，扮成北极熊进入各大酒店、写字楼、商场去测室温，呼吁这些机构夏天空调温度设置不低于26℃。

小鼹鼠生病了

知识点 土地孕育生命，可是生活垃圾、工业垃圾、农药、杀虫剂等化学物质，还有酸雨，使土地渐渐被污染，也威胁到生活在地下的动物的健康。

鼹鼠夫妇生活在深深的地下。它们有一个两岁的小宝宝，眼睛黑黝黝地闪着光，浅灰色的绒毛像缎子，十分可爱。

可是最近，小鼹鼠得了一种怪病，天天嚷着头痛，还经常上吐下泻，原来红润的小脸蛋很快就瘦了一圈，一点精神都没有了。鼹鼠夫妇每天都虔诚地祈祷，想让孩子的病快点好起来，可是半个月过去了，孩子的病不仅没有好转，还有了越来越严重的症状。

鼹鼠爸爸决定到很远的地方寻找大夫和良药。半路上，它听到其他的鼹鼠在窃窃私语："你们知道吗？昨天晚上有一户人家的孩子生病死了呢。最近真是奇怪，这附近出生的孩子都生病了呢。"

鼹鼠爸爸听到这些话，想到自家的孩子，两眼发黑，流下泪来。它想：不管有多难，我一定要找到大夫，治好孩子的病。

鼹鼠爸爸历尽艰险终于找到了医术高超的啄木鸟大夫，向它说明了孩子的病情，请求啄木鸟开一些药方给它。啄木鸟说："这是因为当地农民为了收获更多的庄稼，在农田里喷洒农药，结果农药渗进了地底下，小鼹鼠是因为农药中毒才生病的！"

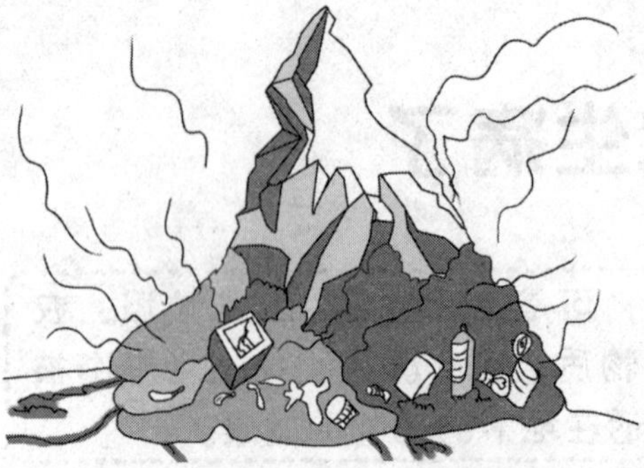

啄木鸟大夫继续讲解说："大量地使用化学农药，虽然能防治病虫害，收获更多的农作物，但随之而来的副作用就是土地质量下降，农药中的重金属成分长期沉淀在土壤中，使土壤遭到了严重的污染。现在人类制造的生活垃圾越来越多，再加上一些工厂里排放的大量垃圾，都被掩埋到了土壤里，这样土地就被污染得'重病缠身'了。你们生活在这样的土壤下面，怎么能不生病呢？"

鼹鼠爸爸的眼泪又哗哗地流了出来，它哀求啄木鸟说："大夫，您救救我的孩子吧，它才两岁啊！"

啄木鸟无奈地说："说实话，你孩子的病我也找不到好的药方啊！只有人类意识到农药的危害，尽量减少剧毒农药的用量，多使用天然的有机肥料，并减少垃圾的排放量，土地的病才会有所缓解，小鼹鼠的病也才会好起来。我看，你还是带着孩子搬家吧，到没有人类居住的遥远的大森林里，也许那里的土地才是健康的，孩子的病才会慢慢好起来吧！"

鼹鼠爸爸痛不欲生地说："地球上到处是人类的足迹，森林也被他们砍伐了，我到哪里去寻找没有人类居住的地方呢？我可怜的孩子啊！"

知识链接

为了减少土壤的污染，首先要减少土壤的污染源，加强对废水、废气、固体废弃物的治理，合理施用化肥和农药。

小实践 多采访几个农民伯伯，做一次深入调查，了解一下现在农村使用农药和有机肥料方面的情况。

小猴子的家园

知识点 动物是人类的好朋友，乱砍滥伐会使可爱的动物们失去美丽的家园。我们要爱护自然环境，保护好动物的家园。

小黄是正宗的亚马孙猿猴一族。小黄的祖辈一直靠摘树上的果子充饥，他们在热带雨林中过着悠闲的生活。可是到了小黄这一代，情况发生了很大的变化。不知道从什么时候起，一些来自其他领地的猴子三三两两地进入它们的地盘，和它们抢吃有限的野果。

“你们为什么离开自己的家园，到我们的地盘来呢？”小黄问它们。

“因为我们失去了自己的家，所以才背井离乡来到这里。”一只名叫小灰的猴子说。

“这怎么可能呢？天底下有那么多的土地，那么多的树林，那么多的房子，怎么会没有你们的家呢？”小黄好奇地问。

小灰痛苦地说道：“我原来住在一座美丽的大森林里，森林里住着许多可爱的伙伴，有小鸟、松鼠、长颈鹿、小熊。有一天，我们到城里的动物园走亲戚，打算住一晚上。谁知我们刚走，森林里就来了一大群人，把树全部砍光了。第二天，我和伙伴们回来了，看到一棵树也没有了，到处光秃秃的，都非常惊讶。天呀，是谁毁坏了我们的家园？小鸟没了树就不能垒巢，不能休息；小猴没了树，就不能玩耍；长颈鹿没了树，就不能吃饭……没有了树，小动物们就不能生存。我

和伙伴们号啕大哭。我们无家可归了！”

“人类为什么要砍伐树木呢？”

“人类砍伐树木有各种各样的理由，有的说是要修路，有的说是为了造田、盖房子！”一些从别的村子里来的猴子义愤填膺地说，“可是害苦了我们动物家族！是人类，毁坏了我们的家园！我们只好流离失所，到处寻找庇护之地。”

这么看来，人类就像成群结队的白蚁一样，啃噬树木，破坏森林。用不了多久，人类就会把郁郁葱葱的森林变成蒿子地了。这太可怕了！

知识链接

亚马孙热带雨林位于南美洲的亚马孙平原，占据了世界雨林面积的一半，森林面积的20%，是全球面积最大、物种最多的热带雨林。当下，亚马孙热带雨林正在被破坏。

小实践 根据自己的想象写一篇作文，题目是“假如地球上只剩下一棵树”。

流浪的土拨鼠

知识点 土地的不断开荒，垃圾和污水的随意排放，对树木的不断砍伐都会使动物失去原有的居住所。

八月的北美大草原是闷热的。可是，这里有一只土拨鼠，它不是因为闷热睡不着觉，而是因为接踵而至的烦恼和困惑。

"土拨鼠你在想什么呢，怎么还不去睡觉？"杜鹃姑娘从枝头上飞下来，好奇地望着这只满脸忧愁的土拨鼠。

"唉！"土拨鼠终于发出了一声感慨，心中的烦恼仿佛要一并涌出。"我为我那天生就可爱的尾巴和短短胖胖的手脚而发愁，因为人类总喜欢把我们抓去观赏或让我们耍杂技。为了逃脱这种悲惨的命运，我想方设法逃了出来。"

"哦，那现在呢？"杜鹃姑娘好奇地问道，"土拨鼠，现在你发什么愁呢？这里的一切不是很美好吗？"

土拨鼠伸了个懒腰，躺在地上，回答道："瞧，我现在每天都吃不饱，许多绿色植物都被人类砍伐采摘了。我是个素食主义者，你说我该怎么办呢？"

杜鹃姑娘看了看土拨鼠憔悴的脸庞，对它说道："你向西边走吧，我的朋友吐绶鸡在那边，听说它住的地方富饶美丽，靠近大海，空气湿润，植物生长繁茂！”

土拨鼠马上站了起来，向杜鹃姑娘鞠了一躬，就背上行囊向西边连夜赶去。

带着欣喜和激动的心情，土拨鼠一路跋涉终于到了吐绶鸡先生的家门口。

土拨鼠正准备敲门，门突然开了，吐绶鸡先生带着子女好像有什么急事一样快速冲了出来，丝毫没有看到门口的土拨鼠。

“吐绶鸡先生，等等！”土拨鼠急忙喊道。

吐绶鸡先生终于反应了过来，注意到了家门前的土拨鼠，上前问到：“亲爱的土拨鼠，我们素不相识，有什么急事吗？”

土拨鼠说：“是杜鹃姑娘让我来找你的，我们那边的植物正被人类一点一点地砍伐掉，我已经食不果腹。听说吐绶鸡先生这里有舒适的环境，我就投奔您来了！”

吐绶鸡先生突然低下了头，流着眼泪告诉土拨鼠：“以前，我们这里是非常美丽的，所有的动物都喜欢在这里安家。可是自从人类在这里建立一个了巨大的垃圾存储厂，许许多多的河流和土地都被恶臭侵蚀着。我劝你，快点走吧！”

土拨鼠最后的希望也被毁掉了。疲惫的身躯让它动弹不得，土拨鼠哐当一声坐在地上。吐绶鸡先生见状，把自己储存的水和食物分给了土拨鼠一部分，然后带着家人快步离开了属于自己的家。

土拨鼠哭了，它一点也不想流浪。它只是需要一个温暖的洞穴，每天起来喝一喝露水，吃一吃嫩草，可以开心地跟杜鹃姑娘聊天，和黄鼠快乐地打闹，周末跟野兔赛跑……可是现在，一切美好的愿望都化作了泡影。

知识链接

土拨鼠，也叫“旱獭”，善于挖掘地洞，多数在白天活动。土拨鼠是素食主义者，在食物上没有特殊要求，但要每天供应新鲜的水和食物。

小实践 找一些土拨鼠的生活照片，了解土拨鼠的生活习性和生活环境。

黑水河的小鲫鱼

知识点 工业废水会污染江河湖泊、地下水和土壤，会对生物和人类的健康造成危害。

春天来了，万物复苏。小树抽出新芽，小鸟在树上欢快的歌唱，花儿在绿草丛中绽放，一切都是那么生机勃勃。

可是，一阵哭声从不远处传了过来。小鸟到处寻找，好不容易在一个泥塘边上找到了那个伤心的声音，原来是一只小鲫鱼在哭呀。

小鸟问小鲫鱼："你怎么了呀？小鲫鱼，为什么哭得那么伤心啊？"

小鲫鱼伤心地说："我没有家了……"

"怎么会没有家了呢？你的爸爸妈妈呢？"小蝴蝶也飞过来关心地问着。

说到爸爸妈妈，小鲫鱼哭得更伤心了："我原来住的那条小河，前不久流过一股恶臭的黑水，我的爸爸妈妈都被那股黑水杀死了，还有好多兄弟姐妹也死了，妈妈告诉我赶紧逃，我才逃到这里来的，我原来那个家回不去了……"

大家听了，都很同情小鲫鱼的遭遇。小鸟说："都是河流上游人类开的那个冶金厂害的，那些黑水肯定是工厂里没处理过的工业废水。"

"小鸟姐姐，什么是工业废水啊？"小蝴蝶问小鸟。

小鸟说："工业废水就是工业生产过程中产生的废水和废液，其中含有随水流失的工业生产用料和生产过程中产生的污染物。那些污水对生物的杀伤力很大的。"

"那工业废水有毒吗？

鱼虾喝了工业废水就会死去吗？”小蝴蝶不解地问。

小鸟说：“当然了。如果是毒性较大的工业废水直接流入江河和湖泊就会污染地表水，甚至会导致水生动植物的死亡。工业废水如果渗透到地下，就会污染地下水，进而污染农作物；如果周边居民采用被污染的地表水或地下水作为生活用水，就会危害身体健康，重者死亡；如果渗入土壤，就会造成土壤污染，影响植物和土壤中微生物的生长。工业废水中的有毒有害物质如果被动植物吃掉，就会残留在体内，而后通过食物链到达人类体内，对人类的身体也会造成危害！”

小蝴蝶看到小鲫鱼又要哭了，求助地看着小鸟：“小鸟姐姐你快想想办法，救救可怜的小鲫鱼吧！”

“只有让人类自己慢慢治理了！”小鸟无奈地说。

小青蛙冒出水面：“不要伤心了，小鲫鱼，你就先住在这个池塘吧。我听农民伯伯说现在已经开始治理那条河了，等以后治理好了再回去吧。”小鲫鱼擦擦眼泪，对小鸟和小蝴蝶说：“谢谢两位姐姐的关心，我就在这里和小青蛙做伴吧”。

知识链接

工业废水对环境的破坏很大，如果直接流入江河湖泊，会污染地表水，还可能渗透到地下水，如果周边居民采用被污染的地表水或地下水作为生活用水，会严重危害身体健康 。

小实践 了解一下你生活的周围有没有化工厂或热电厂，调查一下它们的污水是如何排放的，如果不符合规定就向有关部门反映。

小野鹤的绿色家园

知识点

绿洲指沙漠中具有水草的绿地，是浩瀚沙漠中的片片沃土。它就像是沙漠瀚海上美丽的珍珠，镶嵌在沙漠里，闪烁着神奇的色彩。

两只小野鹤有一个绿色的家园，这里有绿树，有青草，有鲜花，还有一条清澈的小河。

小野鹤的绿色之家，不在广袤的大森林里，也不在空旷的大草原上，而是位于茫茫的大沙漠的绿洲中。在浩瀚无边的沙漠里，小野鹤们能找到这样的地方安家，实在是太难得了。

每天小野鹤会在绿洲的上空飞来飞去，从高处欣赏自己的家园，四周是一片灰黄的沙漠，只有这里一片绿，一汪碧绿的河水缓缓地流淌。正是因为有了这条河，才有了河边的树和草，才有了这里与众不同的美景。小野鹤们闲下来的时候，最喜欢的就是飞到河边嬉水。小野鹤经常看到其他的动物也来到小河边饮水，如果没有这条小河，它们都没有水喝，就无法生活了。

一天，两只小野鹤正在绿草丛间飞舞着觅食，忽然听到一阵很大的风的呼呼声，夹杂着很多沙粒，它们吓得躲在了草丛里。它们知道这是沙漠里的沙尘暴来了，狂风怒吼，沙尘满天。一般来说，沙尘暴是不会吹到绿洲上来的，因为绿洲上有树，树会挡住风，可是这一次狂风就直接刮了过来，而且持续了好长时间才停止。

等风停了，小野鹤从草丛间出来，它们的身上、羽毛里面全是小沙粒，树和草的叶子上、小河里到处都是沙粒。因为有沙子，清清的河水变得污黄了。本来小野鹤是想要在小河里洗澡的，但是看到浑浊的河水，它们伤心地走开了。

一只小野鹤说："由于人类乱砍滥伐、过度放牧以及不合理地开发利用水资源，造成我们这里的气候干燥，植被遭到破坏，风沙活动加剧，沙漠化现象越来越严重了。"另一只小野鹤说："可不是吗？人类不断地破坏环境，使气温上升，沙漠里更加燥热、干旱，很多动物、植物因为没有水喝而死亡。如果没有了这条河流，河岸的植物将不能生存，这片绿洲就会消失，被黄沙覆盖。"

两只小野鹤待在自己的小巢穴里，不敢出去，怕又会刮大风。可是它们还是得出去找食物吃，更重要的是它们想看一看那条小河，看看小河是否变得清澈了。然而，它们失望了，小河依旧是浑浊的，而且因为天气燥热干旱，小河里的水也变少了，靠近河岸的地方都显出了干涸的裂甲。小野鹤很伤心，它们怕小河有一天会消失掉，那么这里的树和草也都会消失，它们的绿色家园就会消失，到时候它们该到何处安家呢？

知识链接

沙漠地区天然降水少，难以满足农作物生长的需要。但是绿洲地区夏季气温高，热量充足，只要有足够的灌溉水源，小麦、水稻、棉花、瓜果等农作物都能生长良好。绿洲是沙漠地区重要的粮水补给站，沙漠中人类的生活都围绕于绿洲地带。

小实践

以“保护绿洲”为主题，在班级举办一次主题班会活动，呼吁全班同学从小事做起，为保护绿洲、绿化环境行动起来。

第5章

苏醒的家园

爱惜每一滴水

知识点 水是地球生物赖以生存的物质基础。随着现代科技的发展、厂房高楼的逐渐增多以及人为的破坏，我国水资源短缺的问题越来越严重。

洗手间的水管又在滴滴答答地流水了，妈妈知道又是乐乐洗手时没有把水龙头拧紧。妈妈在厨房一边炒菜一边喊："乐乐，洗手间的水龙头没拧紧，快去拧一下！"乐乐正沉浸在电脑游戏里，根本没有听到妈妈的话。

妈妈走过来，"啪"地关掉了电脑。乐乐急了，冲妈妈嚷："干嘛呀，我只差一步就闯关成功了！"

妈妈生气地说："乐乐，妈妈和你讲过多少遍了，水龙头用完必须拧好，不然很浪费的，你明白吗？"

乐乐挠挠头说："不就浪费一点水吗，才几毛钱，您用得着发那么大火吗？我去关紧就是了。"

乐乐关好了水龙头，回来刚要开电脑，妈妈用手挡住了。妈妈语重

心长地对乐乐说："乐乐，你不是喜欢听妈妈讲小时候的故事吗？我给你讲一个好不好？"

乐乐突然来了兴致，也不想玩电脑了，说："是啊，妈妈，我最喜欢听你讲小时候生活过的那个小山村里发生的故事了，妈妈你快点讲嘛！"

妈妈一边回忆一边说："妈妈小的时候啊，有一年，老家大旱，河水、井水都干涸了，只有东山下一道泉水，供全村人做生活饮用水。你外公每天早晨四点钟就担着水桶到了东山，这时已经有十几个人在那里排队等候了。白天被舀干的泉水，经过一个晚上又渗出了好多。轮到外公的时候，泉水被舀干了，外公就蹲在那里，等泉水从沙石间一滴一滴地渗出来，舀一瓢到水桶里，再等……一担水要等几个小时哪！"

乐乐瞪着大眼睛，专心听妈妈讲故事，觉得好新奇。妈妈接着说："那时候，家里人用水也非常节约，常常是洗手洗脸的水用完了，再用来洗脚，然后再用来浇花或浇树，一点都不能浪费啊！因为外公去担一桶水多不容易啊！"

乐乐听了妈妈的话，似有所悟。他找来一本介绍环境方面的书，认真地阅读起来。书上说，我国是个水资源十分匮乏的国家，每个人占有的水资源不到世界平均占有量的四分之一。大手大脚地浪费水资源和各种污染会使生态环境严重恶化，最后我们的家园甚至可能退化成像撒哈拉沙漠那样不适合人类居住的地方，所以节约用水非常重要。节水的方法之一是重复利用，比如说洗衣服的水可以用来冲厕所，洗菜、洗水果的水可以用来浇花、拖地等。

乐乐想：浪费水资源的后果这么严重，简直等于犯罪呢。妈妈说得对，要从我做起，节约每一滴水，爱护有限的水资源。

知识链接

如果将地球的水比作一大桶水的话，那么我们能用的也只有一勺水，而这一勺水中的四分之一或更多已经被污染，因此，保护水资源是人类最伟大、最神圣的天职。

小实践 发挥你的想象，写一篇作文，题目是“假如地球上只剩下最后一滴饮用水”。

捐书也是资源共享

知识点

资源共享可以减少人类对大自然的索取，保护生态环境。把不看的书转让给他人看，也是资源共享。资源共享就是环保。

星期五，班主任李老师在班上宣布了一个通知，希望每个同学将自己不看的课外书找出来，交给老师。班上将把这些书收集起来，和收集到的其他衣物一道寄给边远山区的孩子们。因为每个同学的课外书都是经过爸爸妈妈精挑细选出来的，知识丰富，趣味性强，内容不过时，以此作为礼物送给边远山区的同学们，会很受欢迎，而他们是没有多少钱买课外书的。李老师说，这样做有两个原因，一个是可以帮助边远山区的同学们扩充课外阅读量，增大他们的知识面，丰富他们的业余生活，还有一个重要原因就是环保。

李老师说："你们知道一本书的产生过程是怎样的吗？"同学们都摇头说不知道。

李老师在电脑上打开他准备好的资料，说："大家请看，大树被伐倒，被打成纸浆，再经过加工造出白纸。油墨是从石油中提炼的物质渗进炭粉制成的。作者的稿件经过编辑、插图、校对、排版，再用纸和墨印出后，通过运输、邮递……在这接力赛似的生产流通过程中，消耗了大量的资源，凝聚了许多人的辛勤劳动和聪明智慧，最后才有我们手中的这本书，多不容易啊！如果大家只看一遍就扔掉了，或当做废纸卖了，多可惜啊！这上面承载的大量信息和丰富的知识、美丽的插图也会随之消失。这对资源是多大的浪费啊！相反，如果你看完一本书后，将它转送给其他需要的人，他看完后再转给别人，这一本书上的知识和信息就会传播给许多人，这本书的资源也就得到了充分的利用，这也是一种资源共享。”

同学们听了李老师的讲解，都深受启发。原来一本书的生产这么不容易啊！我们何不把自己看过的书送给那些没有看过的同学呢，说不定你的同学和朋友也正想把他不用但你需要的东西送给你，以相互交换的方式与你资源共享呢。让心爱的书躺在角落里睡大觉，或者卖给收废纸的，这是多么大的资源浪费啊！

第二天，同学们都从家里带来了一些长期不看的书籍，在老师的指导下将它们分类，打包寄给了位于边远山区的一所小学。这件事做完之后，大家都觉得很高兴，因为帮助了别人，也快乐了自己！

知识链接

高尔基先生说过：“书籍是人类进步的阶梯。”书能提供给我们丰富的知识，开阔我们的视野，提高我们的气质与修养，书是人类最好的伙伴。

小实践

班委在班上组织一次资源共享活动，每个同学带两本书和其他同学交换看，看完后将所有的书捐送到边远山区的学校。

拒绝一次性筷子

知识点 生产一次性筷子需要砍伐大量树林。一些小厂家生产的筷子既不环保，也不卫生。抵制一次性筷子的最好办法是自带筷子上餐馆。

六一儿童节这天，学校放一天假。小杰和小鹏兄弟俩来到公园放风筝，打网球，玩得不亦乐乎。天色渐渐暗下来了，他们的肚子也饿了，就在附近的一家小餐馆吃饭。

他们每人要了三两水饺，老板为他们拿来了碗筷。小杰接过来，仔细端详着筷子，看了半天，对小鹏说："你看，这是一次性的木筷子，而且质量很差，老师不是说要抵制一次性筷子吗？"

小鹏说："你怎么看出这筷子的质量差呢？"

小杰说："老师不是讲过吗？鉴别一次性筷子的质量，要看包装上是否印有生产厂家的名称、商标及联系方式。还可以闻一下筷子的气味，如果有股酸酸的气味，最好不要使用，用了对人体有害。你闻一下，这筷子有一股不好闻的味道呢，而且没有外包装！"

小鹏把筷子拿起来闻了一下，说："是啊，肯定是没有达到卫生消毒的标准，这个筷子我们不能用！"

他们把老板叫来，小杰对老板说："老板，你知道这种一次性筷子是怎么制造出来的吗？"老板笑笑说："不太清楚，我们小本经营，看到大家都用一次性筷子，我们也就买了。"

小杰从包里拿出一个笔记本，这个笔记本记录的都是一些和环保相关的内容。小杰被学校评选为"环保小卫士"，他每天都要向人们宣传环保知识。他指着笔记本上的记录说："生产这种筷子需要砍伐大量的树林，你看，这是一些相关的数据。目前，我国每年生产450亿双一次性筷子，要砍掉2500万棵30厘米粗的大树作为原料，这是多大的一片森林啊！而且在我国，这些一次性筷子都没有得到一次性回收，大部分都变成了城市垃圾。一些小厂家为了让筷子的颜色变得好看，也为了降低成本，在生产筷子的过程中，他们就用硫黄等毒品熏蒸，对人体有很大的危害，既不环保，也不卫生。所以，我们建议你以后不要买这种一次性的筷子了。"

老板无奈地说："小同学，你说的道理俺都懂。可是为了方便，大家都在用一次性筷子啊。"

小杰说：“我建议你买正规厂家生产的竹筷子，经济又环保，可以减少木材的使用，还可以保护森林。再买一个消毒柜，这些都花不了多少钱，而且还会受顾客的欢迎。”

老板笑容可掬地说：“好的，小同学你的建议很好。肚子都饿了，快吃饭吧！”

水饺端上来了。小鹏着急地说：“哎呀，我肚子好饿啊，又不能用筷子，怎么吃啊？”

小杰像变戏法似的，从随身携带的书包里拿出两双筷子，递给小鹏一双。小鹏惊喜地说：“原来你带了筷子呀，怎么不早拿出来呢，嘿嘿，好香的饺子呀！”

老板开心地说：“小朋友，慢慢吃啊。我也喜欢看一些关于食品安全方面的报道，会考虑你们的建议的。希望你们下次来吃饭的时候，会更满意我们这里的服务！”

知识链接

越来越多的“一次性用品”给人们的生活带来方便。然而，从环保的角度看，在这方便、快捷的背后是大量资源的浪费与垃圾的堆积，带来了无穷的后患。

小实践 尝试自带筷子到餐馆，并向周围亲友推荐这种环保的做法。

垃圾分类好处多

知识点 垃圾中的废纸、金属、玻璃、塑料、布料等都可以回收利用，厨余垃圾可用来发电和做有机肥。有害垃圾需要做特殊的安全处理。

6 月 5 日是世界环境日。这一天，森林小学请来了环保专家，给大家讲讲环境保护问题。环保专家姓邵，是个漂亮的阿姨，她今年讲的专题是垃圾分类问题。

邵阿姨首先给每个同学发了一份卷子，卷子左边一栏写着废纸、玻璃、皮革、水果皮、塑料、金属、电池等各种废弃物品的名字，右边一栏写着“可回收垃圾”和“不可回收垃圾”，让大家将左栏的物品与右栏连线。邵阿姨发现有的同学手里拿着笔，却迟迟不肯画线，就知道他们对这个问题还没有搞清楚。五分钟后，邵阿姨将卷

子收回了。

邵阿姨问大家：“同学们，你们知道，垃圾为什么要分类吗？”

小林举手回答说：“因为世界上的垃圾太多了，分类有利于保护环境。”小森说：“因为垃圾分类可以使一部分资源得到回收利用。”

邵阿姨笑着说：“这两位同学讲得非常棒。据统计，我们每个人平均每天大约要‘生产’一公斤左右的垃圾，大家算算看，一个人一年要‘生产’多少垃圾？全中国有十几亿人口，一年要‘生产’多少垃圾？全世界有几十亿人口，一年要‘生产’多少垃圾？”

一些同学瞪大了眼睛，感叹道：“这样算下来真是太可怕了，这么多的垃圾可怎么处理呢？”

邵阿姨点点头说道：“是啊，许多地方垃圾堆积成灾，不仅占用了大量农田，而且污染了环境，破坏了生态。如何处理垃圾已成为一个世界性的难题。但是，垃圾其实又是放错了的宝贝，只有把它分类，才能真正变成资源。”

邵阿姨拿出一些卡片，上面分别写着“废纸、金属、塑料”等废旧物品的名字，向大家示意说：“大家看，垃圾中的废纸、金属、玻璃、塑料、布料等都可以回收利用，被称为‘可回收垃圾’。通过回收利用，可以减少污染，节省资源。比如易拉罐回收后可以化成铝块，废纸回收后可用来造成好纸，剩菜剩饭、水果皮、菜帮子之类的厨余垃圾，可以用来发电，还可以做有机肥料。”

一个同学站起来问道：“阿姨，请问，不用的日光灯管可不可以回收啊？”邵阿姨说：“废电池、废日光灯管、废水银温度计、过期药品等有害垃圾，需要回收后做特殊的安全处理。其他垃圾如砖瓦陶瓷、渣土、卫生间废纸、纸巾等难以回收的废弃物，可以采取焚烧或者填埋的方式处理，被称为‘不可回收垃圾’……”

同学们听着邵阿姨的讲解，都充分认识到了垃圾分类的重要性。邵阿姨接着说：“现在国内外发达地区都开始了不同程度的垃圾分类工作，第一道分类都在每个家庭进行，这就需要每个人的支持。希望大家能够重视垃圾分类，为保护生态、节约能源尽一份力量！”

知识链接

学会垃圾分类是相当有必要的，因为不少生活垃圾现在都能变废为宝，为人类解决能源紧张问题时，发挥重要作用。

小实践 将家里的垃圾进行分类，不同类别的垃圾放在不同的袋子里，再分别处理。

过度包装坏处多

知识点 一些商品的过度包装造成了资源浪费和环境污染，我们应该自觉抵制过度包装的商品。

每当逢年过节，总有一些人提着礼物走亲访友。这些礼物的外包装看起来都很豪华，有的印着富贵牡丹，有的涂着耀眼的金线，提起来沉甸甸的，猜不出里面装着什么贵重的宝贝。等到客人走了，主人打开那些豪华礼品盒一看，里面常常分成几个格子，每个格子里都垫着白色的泡沫塑料，铺着色彩鲜艳的锦缎，锦缎上又有个包装精美的小盒子，打开小盒子一看，里面只有一块小点心。几块点心加起来所占的体积还不到礼品盒的十分之一。而打开后那一堆毫无用处、花花绿绿的包装还散发着一种难闻的气味，只能当做垃圾扔掉，造成了很大的资源浪费。

这不，中秋节马上要到了，乐乐吵着要吃月饼。乐乐和妈妈来到商场，看到各种品牌的月饼，琳琅满目，目不暇接。除了包装过于豪华之外，价格还相当昂贵，只有六个月饼的包装盒标价竟然是两百多元！乐乐搞不明白，就打趣地问妈妈，“这月饼怎么这么贵啊，难道里面包着金子吗？”

豪华包装月饼

妈妈被乐乐的话逗笑了，她认真地回答说：“其实月饼本身并没有那么贵，可是现在的厂家为了增加月饼的档次，就在包装上下工夫。有些商品故意增加包装层数，在外包装和内包装中间还加上一层中间包装，包装体积过大，实际产品很小，名不符实；有些包装采用实木、金属制品，大大增加了包装成本；还有的商家在商品中附加了几倍于商品价值的礼品，借以提升商品价格。”

乐乐说：“这些商家也太黑了！有关部门真该出来管一管啦！如果大家都不买这些过度包装的礼品，那么这些商家就不会这么做了吧？”

妈妈说：“就是因为有些人追求奢侈、追求豪华的心态在作怪，商家才会去迎合这些人的心理，但是这样做就会造成大量的资源浪费和环境污染。”

乐乐说：“真希望所有人都不要买这些过度包装的礼品，国家也应该制定有关法规来管管这事了。妈妈，我们今年就不买月饼了吧，我最喜欢妈妈做的红豆沙馅饼了，你回家给我做红豆沙馅饼好不好啊？”

妈妈开心地说：“当然好啦，妈妈给你做红豆沙馅饼，既营养又健康，比那些添加各种防腐剂的月饼好吃多啦！”

知识链接

据统计，我国城市垃圾中有百分之三十到百分之四十来自各种各样的过度包装，这些包装垃圾要消耗掉大量宝贵的森林资源和其他原料，再加上制作、运输过程中占用的资源和耗费的能源，人为造成了很大的浪费。

小实践 在自己的亲戚朋友中间，组织一次抵制过度包装的宣传活动，呼吁大家不买过度包装的商品，保护环境。

抵制“白色污染”

知识点 塑料袋不易降解，在土壤中的自然分解时间很长，既影响了环境的美观，又造成了严重的生态环境问题。因为塑料用做包装的材料多为白色，所以叫做“白色污染”。

星期天的早上，小林被一阵轰隆隆的噪音吵醒了。睁眼一看，看到妈妈正在用吸尘器打扫卫生呢。一些废弃的塑料制品和彩色包装堆了满地。

吃过早饭，妈妈给了小林一个菜篮子，让他到菜市场去买菜。小林愉快地接受了任务。

在小区的菜市场，小林看到各种颜色的蔬菜，新鲜欲滴。他买了芹菜、油菜、西红柿、胡萝卜、茄子放在篮子里，看到它们亲密地依偎在一起，红彤彤绿油油的，自然而和谐，小林开心地笑了。

但是，小林发现自带菜篮子或购物袋买菜的人实在太少了。环顾整个菜市场，只看到几个退休模样的阿姨手里挽着个菜篮子或购物袋，优哉游哉地挑选着蔬菜，似乎时间也在她们身边放慢了脚步。大部分年轻人来买菜，都是脚步匆匆，买了菜就放在卖家提供的劣质塑料袋里，有的人一只手里竟提着七八个塑料袋，与他们时尚的打扮极不相称。

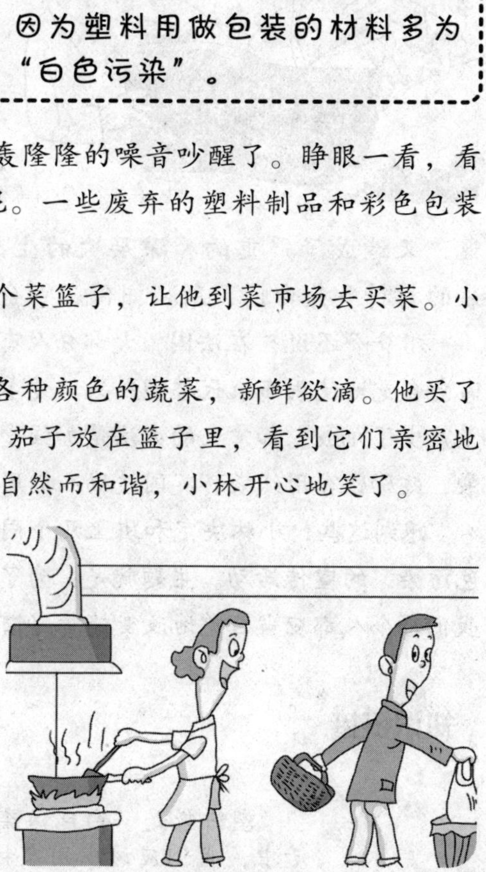

小琳听老师讲过，我们国家是从2008年6月1日起在商店、市场限用塑料袋的。现在商场、超市的塑料袋都是自费的，但是在一些乡镇或市郊的农贸市场，我们看到劣质塑料袋依然泛滥成灾。一些缺乏环保意识的人，将劣质塑料袋当做“万能包装”，不仅用来包装新鲜的蔬菜，还用来包装各种方便食品。

小林居住的小区有个专门研究环境问题的专家，小林喊他“郑爷爷”。郑爷爷曾经告诉小林，塑料袋的确为人们购物提供了不少方便。但由于它不易降解，在土壤中的自然分解时间大约要在100年以上或者更长，既影响了环境的美观，又造成了严重的、深层次的生态环境问题。又因为塑料用做包装的材料多为白色，所以叫做“白色污染”。

郑爷爷还说，在法国，大部分人有着自觉的环保意识，80%的人购物时会自觉地使用布袋代替塑料袋。爱尔兰人用征税的办法使塑料袋的使用量减少了九成。加拿大的办法是加强塑料袋的回收。美国也注意回收塑料袋，鼓励顾客用纸袋。英国鼓励人们用可重复使用的袋子购物……

想到这些，小林决定和班上几个同学一起，在社区策划一次抵制“白色污染”的宣传活动。主题就是：为了减少“白色污染”，保护生态环境，我们每个人都应当自觉地改变消费习惯，用可重复使用的环保购物袋。

知识链接

塑料袋是“白色污染”的主要来源之一。在日常生活中，我们应该少用塑料袋，多用布袋和篮子，减少生活垃圾，这是减少“白色污染”的一个有效办法。

小实践 以小组为单位，在社区策划一次环保宣传活动，呼吁人们少用塑料袋，使用环保购物袋。

新家的隐形“杀手”

知识点

家庭装修带来的污染应当引起足够的重视。我们必须掌握一定的环保知识，才能为自己的身体健康保驾护航。

周五放学了，妈妈在森林小学门口接到了又蹦又跳的乖女儿玥玥。

玥玥一看到妈妈，就迫不及待地问：“妈妈，你不是说我们这个周六要搬新家吗？是真的吗？”

妈妈说：“当然是真的，妈妈什么时候骗过你呀。”

总算搬到新家啦，玥玥在自己的小卧室里东瞅瞅，西看看，晚上兴奋地睡不着觉，抱着自己可爱的小熊娃娃，在床上翻来覆去的。后来总算睡着了，她做了一个可怕的梦，好像有一只绿色的怪兽扼住了她的喉咙，让她难以呼吸。

第二天早上，妈妈喊了半天，玥玥才醒过来，揉揉眼睛，觉得喉咙有些痒，还咳个不停。妈妈以为玥玥感冒了，就给她吃了止咳糖浆，可是连续几天都不见好转。妈妈有些着急，带着玥玥到医院看医生。

医生检查了玥玥的喉咙，了解了一些情况。当医生得知他们刚刚搬进新家的时候，说：“孩子吃药都不见效，可能是室内甲醛超标引起的，你们可以找专门的检测公司测量一下你们新房的空气质量。”

于是爸爸妈妈请来了专业的检测人员来家中进行空气检测，检测结果完全出乎大家的意料，原来玥玥卧室的甲醛严重超标。

妈妈不解地说：“我们用的都是绿色环保材料啊，装修公司也是有绿色环保认证的呀，怎么还会有污染呢？”

负责检测的叔叔说："许多消费者在选购建材和家具时认准了'绿色'商标，觉得只有这样才安心，因此市场上也就出现了许多自称是'绿色'建材的产品，其实许多材料是没有真正达标的。也有一些达到环保标准的材料，比如说地板，按一平方计算甲醛是不超标的，但是如果120平方米的地板铺在一起，甲醛就有可能超标。"

妈妈疑惑地说："那除了卧室以外，房屋里还有哪些空间的甲醛可能超标啊？"检测叔叔说："卧室里除了地板，还有衣柜和写字台等，这些东西集中到一个有限的空间里，甲醛就有可能超标。其实真正的绿色装修是不存在的，只有相对的绿色，而且现在人们对于绿色装修有很多误解，大家以为用了所谓零污染的绿色环保装修材料就没有污染了，在整个装修过程中，污染是不可避免的。所以为了我们的身体健康，新房最好通风三个月以上，再搬进去住。"

爸爸妈妈这才恍然大悟，原来是装修污染导致玥玥生病了。他们决定还是回到原来的旧房子住上半年，让新房彻底通风，并放上一些活性炭去除污染，以后再搬到新家来住。

知识链接

装修在使居室变得舒适与美观的同时，也给室内环境造成了污染，这一问题早在20世纪70年代就引起世人的关注。世界卫生组织将由室内污染引起的一系列人体损害症状称为"不良建筑物综合征"。

小实践 想办法检测一下自己家中每个房间的空气质量，看是否有污染。

废旧电池害处大

知识点 电池对水质和土壤的污染严重，不能随意丢弃，应该得到合理的回收利用。

小凌的遥控汽车、遥控飞机等电动玩具的耗电量很大，不到两天就没电了。他把换下的电池放进塑料袋里，没过几天就积攒了一袋子。学校里有专门回收废旧电池的回收箱，他提着这一袋子电池来到回收箱跟前，将电池丢进去。

回来的路上，小凌遇到了环保专家宁伯伯。宁伯伯手里拎着一盆新买的三角梅，他拍拍小凌的肩膀说："小家伙，几天不见，又长高了一截。来我的楼顶花园看看吧。"

小凌随宁伯伯来到他的楼顶花园，看到满园生机勃勃的花草，正在阳光的照耀下热热闹闹地生长着。他问宁伯伯："宁伯伯，我想请教您一个问题，废旧电池为什么要回收呢，回收后怎么处理呢？"

宁伯伯将三角梅摆在一个合适的位置，在一张藤椅上坐下，让小凌坐在他的旁边，耐心地对小凌说："首先，我们日常所用的普通干电池，都含有一些有害的重金属物质，对环境、对人体的危害都很大，在自然界中也是不能降解的，所以必须回收。"

小凌好奇地问："爷爷，废旧电池对人体的危害很大，是不是就像

动画片里的恶魔一样，那这恶魔到底有多大的威力呀？"

爷爷说："我给你举个例子吧，一粒小小的纽扣电池可污染600立方米水，相当于一个人一生的饮水量，你说它的威力大不大呀？"

小凌吐吐舌头说："有这么大的威力呀？反正只要我不把它吃到肚子里，它就不会危害我的健康了。"

爷爷解释说："废旧电池被随意丢弃到田地里或大海里，一些有害的重金属物质就会污染土壤和水质，进而通过食物链的方式危害人体健康。假如海里的鱼、虾吃了含有重金属的浮游生物，重金属在鱼、虾的体内积累下来，人再吃了这样的鱼、虾后，重金属就会在人的身体内积累，达到一定量之后，就会对人的身体产生不好的影响。"

小凌惊讶地说："原来废旧电池的威力这么大，那我们该怎么办呢，是不是应该减少用电池呢？"

宁伯伯说："是啊，小朋友可以少玩一些电控玩具，多玩一些插拼之类的玩具，这样会环保一些。因为废旧电池回收利用需要先进的技术和较高的成本，现在废旧电池回收之后，如何处理是一个难题。不过，现在人们的环保意识有了很大提高，一些大城市都已经安置了废电池投放专用桶。相信不久的将来，废电池回收利用的问题会得到很好的解决。"

小凌摆出神兽金刚的动作，握紧双拳说："我们一定要利用最先进的技术，把这个危害人类健康的恶魔制服，等着瞧吧！"

宁伯伯看着小凌，开心地笑了。

知识链接

现在国际上通行的废旧电池处理方式大致有三种：固化深埋、存放于废矿井、回收利用。废旧电池的回收利用需要先进的技术和较高的成本，德国、法国、瑞士等一些西方国家这方面做得比较好，发展中国家在这方面做得还不够完善。

小实践 自做一张宣传画，宣传废旧电池的危害，呼吁大家将家中的废旧电池送往回收地点，爱护环境。

变废为宝创意好

知识点 我们日常生活中丢弃的垃圾，如饮料瓶、旧雨伞、旧牙刷、打火机、瓶盖、旧报纸等，都可以在充满创意的头脑指挥下，变成可爱的宝贝。

星期天，小米和妈妈来到郊外的一个乡间别墅，参加一个手工制作的活动。老师姓苗，是著名的手工制作专家，她这次讲的主题是“变废为宝”。

教室里每张桌子上都堆放着一些平时被人们丢弃的东西：饮料瓶、一次性餐具、废纸箱、旧雨伞、旧轮胎……苗老师指着这些东西对大家说：“我们现在提倡低碳生活，爱护环境。这些都是我们平时丢弃的车西，我们对这些东西的利用远没有达到环保的标准。其实只要我们用心，就会发现这些东西还是有许多用处的，你们看，饮料瓶、旧雨伞、旧牙刷、打火机、瓶盖、旧报纸……在你充满创意的头脑的指挥下，在彩笔、剪刀、胶水、竹签、铁丝的帮助下，就可以变出花瓶、装饰品、玩具……想试试吗？跟我来做吧！”

苗老师让每人选择一个废旧物品，然后由她和她的助手帮助大家完成一个美观实用的作品。小米拿到的是一个废弃的塑料瓶，一个扎着独角辫的姐姐教她将塑料瓶改造成花瓶，完成这个作品还需要双面胶、剪刀和彩色纸条。

姐姐先教小米将撕掉商标的塑料瓶用剪刀剪掉瓶口，留下瓶子的下半部分。然后将每条彩条的其中一面粘上双面胶，把彩条分别缠绕在瓶子上。再把蓝色彩条裁成相同的几段，将其弯成蝴蝶结的形状。最后将蝴蝶结分别粘在塑料瓶上。这样一个小清新的花瓶就完成了。小米看着这个可爱的花瓶，觉得还少了点什么，就来到院子里，向看管花园的阿姨要来一束栀子花插在花瓶里。白花绿叶的栀子花插在彩条装饰的塑料瓶里，散发着宜人的清香，和商场里昂贵的花瓶比起来，别有一番意味呢。

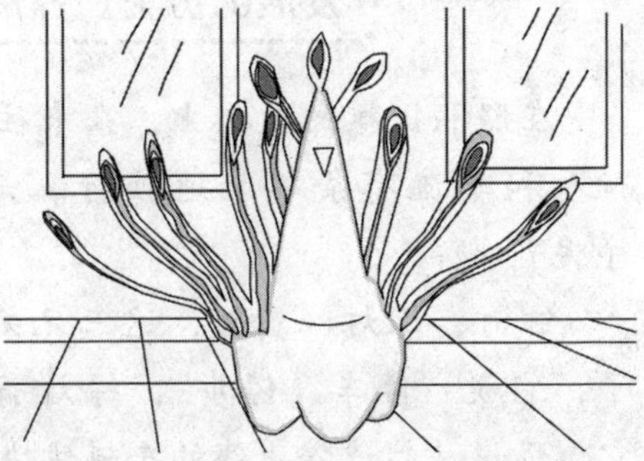

小米看到妈妈在苗老师的指导下，正在改造一把旧雨伞，妈妈认真地飞针走线，一会儿，一个实用的小包包就在妈妈手里完成了。邻桌的阿姨正在剪贴一些旧报纸，她利用旧报纸原有的颜色和纹理，把上面的色块剪下来，拼贴成插画和立体的玩偶，造型夸张有趣。还有一个阿姨用一些废弃物做成了活灵活现的小精灵，仔细一看，原来这些小精灵都是我们熟悉的牙刷把、打火机、插座、瓶盖、夹子等做成的。

小米不禁感叹：废旧物品改造的境界真是无穷无尽啊！要是每个人都能够学会将生活中的废弃物变废为宝，那么这世界就会少一些垃圾，少一些污染，多一些美好和快乐，那该多好啊！

知识链接

垃圾不是天生的，它是由资源转变成的，是放错地方的资源。我们要做的是把这些资源合理利用起来，保护我们赖以生存的环境。

小实践 找来一些废旧的日常用品，尝试做成一些有用的小物品。

红绿黄三兄弟

知识点 了解交通路口红黄绿三种灯光的功用以及它们发展的历史。养成自觉遵守交通规则的习惯。

在熙熙攘攘的大街上，来来往往的车流井然有序地在马路上穿行，行人和车流有条不紊地换行。是谁在维持着行人和车辆的良好秩序呢？

红灯、绿灯、黄灯，这三兄弟每个人一生只能说一句话。红灯亮了，它说“停车、停步”，绿灯亮了，它说“可以过哟”，黄灯亮了，它催促说“越过停止线的车辆快快走”。

据红灯大哥说，在1859年10月，英国一位纺纱工人想出一个用灯光颜色控制交通的办法，就制造了一盏有活动遮沿设备的红绿油灯，于是老大红灯和老二绿灯就诞生了。然后，这位工人带着红绿灯俩兄弟到了伦敦，希望能得到当时的英国政府的重用，可惜并没有引起英国政府的注意。后来由于英国议会大厦前时常出现马车撞人的事故，人们才想起了被世人遗忘的红绿灯俩兄弟。

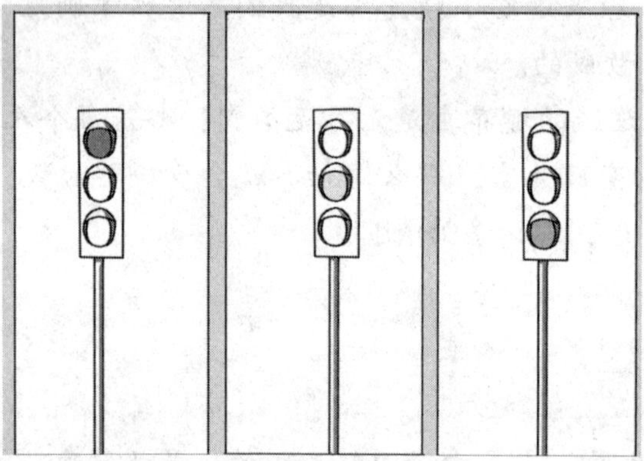

1868年12月10日，英国人德·哈特在议会大厦前的十字路口设计了一个红绿两色煤气灯，红绿灯第一次作为交通信号灯出现在人们的日常生活中，走上了历史的舞台。最初的红绿灯想要通过自己的颜色来表达意思还必须依靠警察的帮助——一位警察手持长杆牵动皮带转

换红绿两色：红灯停，绿灯行。那时它们的生活简单而快乐，因为它们每天都会看到路过他们身边的带着微笑的人们。可惜的是，没过多久，一盏煤气灯突然爆炸使一位警察光荣殉职，政府决定中断红绿灯的使用。

后来，红绿灯俩兄弟在美国人的系统性实验中不断进化，逐渐健全体魄。1914 年，克利夫兰市率先在街道中恢复交通信号灯，随后纽约、芝加哥等城市也开始出现，红绿灯兄弟再一次出现在人们眼前。这时的它们已经非常时尚，从煤气进化为电气，与现代的交通信号灯没有多少差距。除了完善信号灯本身，美国人还完善了信号控制系统。1917 年，美国盐湖市开始使用联动式信号系统，他们把六个交叉路口作为一个系统，以人工方式加以集中控制。

在这简单而快乐的生活中，红灯老大和绿灯老二在 1920 年 10 月迎来了黄灯老三。这三兄弟能聚在一起还得感谢警察威廉·波茨，正是因为他，这三兄弟才一夜成名，成了世界上三种颜色、四个方向的交通信号灯。

如今，我们到处可见这可爱的三兄弟，它们时而威严、时而温柔，为了人类的生命安全，风雨无阻地坚守自己的岗位。

知识链接

人行横道灯由红、绿两色灯组成。在红灯镜面上有一个站立的人形象，在绿灯镜面上有一个行走的人形象。人行横道灯设在人流较多的重要交叉路口的人行横道两端。

小实践 给自己的妹妹或弟弟讲讲红绿灯规则吧。

火车铁轨故事多

知识点 了解铁轨和火车的历史、火车对人类的贡献，观察铁轨和火车的周边环境。

很久很久以前，火车和铁轨就是一对并肩战斗的好兄弟。多少年来，他们一起成长，一起经历风雨，一起变得强壮有力。

日子一天天过去，火车从走变成了跑。有一天，俩兄弟跑累了，休息之余，铁轨问火车："老弟，你想去哪些地方呢？""我想去看高山，我想去看峡谷，我想去看大海……"火车充满向往地说。

几百年之后，它们的愿望终于变成了现实，铁轨的足迹遍布了平原、沟谷等各种地形的地方。

"哥哥，你去过高原吗？听说那里的天空像油画一样美，还有常年积雪的大山呢。"火车充满向往地对铁轨说。铁轨沉默了，因为它曾经尝试过很多次，一直没能走上高原。终于，1869年，在波兰人埃内斯托·马利诺夫斯基的指导下，铁轨从太平洋沿岸爬上了海拔四千多米的安第斯山脉，它终于成功了！铁轨载着火车去看了那里的天空，蓝得像水晶一样，没有一丝杂质，有一种惊心动魄的美。

2006年的7月1日，铁轨开始了新的挑战。它带着火车第一次来到了位于中国西藏的唐古拉山垭口。在这里，它们看到了辽阔无边的大草原，看到好多藏羚羊在草原上自由地奔跑，牦牛在悠闲地散步。

“这是我走过的全世界最高的地方。”铁轨自豪地告诉火车，“这里的大草原多美啊，动物多可爱啊，可是我有个疑惑，不知道人类的足迹到达这里是好事还是坏事。”铁轨仰望着天空，若有所思，自言自语。

回忆自己走过的这几百年，铁轨悄悄地告诉火车：“年轻的时候，我们为了自己的欲望，竟然不顾当地的生态环境，破坏了当地动物的栖息地，占用了农民伯伯的耕地……现在想想，真有些后悔呢。人们有时为了自己的方便，不太顾及大自然的感受，这值得我们反思啊……”

火车安慰铁轨说：“哥哥，这么多年以来，你默默无闻地只知奉献，不思索取，为交通事业的发展做出了不可磨灭的贡献，这是有目共睹的。人类在现代化发展的过程中，会走一些弯路，但是他们也会在思考中明白越来越多的道理，人类已经开始修正自己犯下的错误了，相信我们的明天会更好！”

铁轨听了火车的话，欣慰地点点头说：“我相信！”

知识链接

我国铁路已基本形成以北京为中心，以四纵、三横、三网和关内外三线为骨架，连接着众多的支线、辅助线、专用线，可通达全国的省市区的铁路网。

小实践 以班级为单位参观当地的工业博物馆，了解与火车相关的知识，培养与自然和谐相处的意识。

垃圾的“华丽变身”

知识点 珠峰上废弃的氧气瓶在艺术家克拉普的手上，神奇地变身为无数闪亮的钟、铃铛、碗和装饰品，在商场出售。

在森林小学的环境教育课堂上，叶老师在投影仪上展示出两个铝制的大瓶子，问大家：“你们知道这是什么吗？”

几个男生调皮地说：“瓶子呗，考谁呢？”

叶老师微笑着对大家说：“这可不是一般的瓶子，这是废弃的氧气瓶。”

接着，叶老师又在幻灯片上为大家展示出一组图片：闪闪发光的钟、碗和装饰品，问大家：“你们知道这些艺术品是什么做成的吗？猜猜看！”

同学们有的说是水晶做成的，有的说是钢丝做成的，叶老师都摇摇头，对大家说：“正确答案是，这些艺术品是由废弃的氧气瓶做成的！”

“啊？不会吧？”同学们发出一片唏嘘声。叶老师绘声绘色地为大家讲了一个废氧气瓶被制成艺术品的感人故事。

“珠穆朗玛峰是世界上最高的山峰，它吸引了无数的探险者和挑战者。由于珠峰顶峰的空气含量只有海平面的三分之一，所以大多数的登山者都要携带氧气瓶。由于运输不便，不少登山者就把用过的废氧气瓶丢弃在山上。多年来，数百个氧气瓶、废弃的登山装备和其他垃圾被堆积在珠峰上，使壮美的珠穆朗玛峰成了世界上最高的垃圾场。这可怎么办呢？

“有位叫杰夫·克拉普的美国艺术家，在看过一部反映珠峰垃圾的纪录片之后，深受触动，很想为解决珠峰垃圾问题做点事情。有一天，他忽然想到，如果将这些废弃的氧气瓶买来做成艺术品出售，不就减少了珠峰的垃圾了吗？于是，在2004年，杰夫·克拉普前往尼泊尔，通过当地的登山协会，花了7000美元买下132个废旧氧气瓶，又花了数千美元把这一大堆瓶子运回美国。”

同学们瞪大眼睛，认真聆听着克拉普的故事。老师切换了一下幻灯片，继续说：“此后的两年间，杰夫·克拉普开始了变废为宝的工作。那些脏乎乎的废旧氧气瓶在他的工作间里神奇地变身为无数闪亮的钟、铃铛、碗和装饰品，他把这些铃铛叫做‘来自珠峰的铃’。那些在切割打磨铝材时产生的铝屑也被他装进了玻璃球，就像雪花水晶球一样，成了别致的节日装饰品，每个售价15美元。他将这些艺术品交给迪斯尼乐园等礼品商店去出售，当人们得知这些漂亮的艺术品是珠峰垃圾制成时，非常感动，纷纷购买。同学们，听了这个珠峰垃圾变成艺术品的故事，你们有什么感想呢？”

这个故事确实让同学们感到新奇而震撼，他们纷纷举手表达自己的感想。

小米说：“变废为宝是环保行为，我们也可以将我们身边的垃圾变成艺术品，我曾经将一个废弃的塑料瓶做成了花瓶。”

小路说：“如果我是登山运动员，回来时一定将废弃的垃圾带回来送给克拉普这样的艺术家，这样他就不用费尽周折去回收垃圾了。”

小林说：“如果有机会，我也想买一件克拉普用珠峰垃圾做成的艺术品，留作纪念。然后给我周围的人讲克拉普的故事。”

叶老师激动地说：“大家谈得很好。正如克拉普所说，一个人是可以有所作为的，无论是变废为宝还是随手关灯。只要做个有心人，节约每一滴水，随手关灯，主动地对垃圾进行分类，你就是一个环保小卫士！我们生活的环境就会变得越来越美好！”

知识链接

克拉普说，购买这些礼物的人都很满意自己既买到一件独特的艺术品，同时还为环保事业出力。“他们看到购买一件礼物所带来的附加价值，那就是社会责任感。”

小实践 试着将家里废弃的玻璃瓶改装成一个艺术品。

人与动物交朋友

知识点 动植物的存在和人类的生活息息相关。动物和人类一样是有感情的，只要你帮助了它，它就会永远记住，和你成为好朋友。

大千世界，生活着各种缤纷的植物、可爱的动物，它们的存在和人类的生活息息相关。试想一下，如果这个世界上没有了植物和动物，人类怎么生活下去呢？所以动植物都是人类的好朋友。下面就给大家讲讲人和动物交朋友的故事吧。

在美丽的清华园里，有许多可爱的灰喜鹊，它们已经习惯了生活在爱护鸟类的师生们中间。一天，孙老师走在校园里，看到十几只喜鹊急匆匆地朝前飞去，一会儿又返回来，跟在孙老师身后，边飞边叫，叫声中透着几分焦急。孙老师很奇怪，她停下脚步，站在人行道上观望，只见那群灰喜鹊先是在她头顶上盘旋，然后落在不远处的草地上，一起鸣叫。孙老师走过去，发现十几只灰喜鹊围成了一个圈儿，圈儿的中央有一团灰乎乎的小东西，仔细一看，原来是一只左腿受伤的小灰喜鹊，羽毛未丰，鹅黄未退，紧闭着双眼，耷拉着脑袋，伤口流着血，已经奄奄一息了。孙老师捧起小灰喜鹊，看到它浑身颤抖着，惊恐的眼睛里闪着亮晶晶的泪花。附近草地上和树上的灰喜鹊看到小灰喜鹊被人救起，停止了鸣叫，静静地看着孙老师。孙老师明白了，这是灰喜鹊在向人类求救，它们要把这个弱小的生命托付给她抚养。孙老师把小灰喜鹊带回家，给它取了一个可爱的名字“宝宝”。她找来药水、纱布，给宝宝擦净伤口，涂上药，再用纱布包扎好。孙老师的女儿煮了一个鸡蛋，用蛋黄蘸着水一点点地喂它。在孙老师和女儿的精心照料下，宝宝渐渐长大。几个月后，宝宝嘴上的鹅黄退去，羽毛日益丰满，左腿的伤口已经完全愈合，长成了一只健康可爱的灰喜鹊，并与主人结下了深深的友情。

在英国，有位名叫达斯考特的退伍军官，一个人生活，很孤独。在孤独的生活中他遇到了一只蟾蜍，最后竟与蟾蜍成了生死之交的朋友。每天晚上达斯考特准备好“晚餐”等待蟾蜍的到来。蟾蜍总是准时前来取食，不论风雨阴晴，它总是信守承诺。在这种相互依赖的生活中，他们建立了深深的情感。在他们交往的第36年的一天，达斯考特照常将准备好的“晚餐”放在那里，等待蟾蜍前来取食，可是蟾蜍这次比往常晚了近一个小时。达斯考特焦急万分，预感到将会有什么不吉利的事情发生。果然，蟾蜍一步步十分艰难地爬到老人面前，没有吃那顿晚餐，而是痴痴地望了老人最后几眼，便不动了。

动物和人类一样是有感情的，只要你帮助了它，它就会永远记住，和你成为不离不弃的好朋友。

知识链接

在美国，有一个农庄的小主人，年仅10岁的汤姆，一次在河边玩耍，不小心滑进河里，正在汤姆拼命挣扎时，有一头小肥猪飞奔而来，扑通一声跃下河里，小汤姆全靠抓住了猪尾才得救。

小实践 养一只可爱的小动物，培养和小动物之间的感情。

没有买卖就没有杀戮

知识点

藏羚羊是中国重要的珍稀物种之一，国家一级保护动物，主要生活在我国西部，因遭盗猎者屠杀已走向灭绝的边缘。

正月初二这天，小薇穿上新买的羽绒衣，带上送给点点弟弟的玩具枪，神气十足地和妈妈出了门。她们来到了住在双楠小区的婶婶家。

毕竟是冬天，户外冰天雪地，全副武装的小薇还是冷得打哆嗦。婶婶家的门一打开，一股暖气就从屋里散发了出来，小薇觉得好暖和呀。“婶婶！”小薇一下扑进了婶婶的怀里。婶婶身上真暖和，小薇觉得身上的寒气被婶婶身上的热气给彻底驱散了。小薇忍不住把脸贴在婶婶的围巾上：“婶婶，您的围巾又软又暖和，真舒服啊！”

婶婶笑呵呵地把小薇放在地上，解开脖子上的围巾轻轻地围在小薇脖子上，“这个可是用藏羚羊的底绒做的围巾，可暖和了。”

小薇喜悦的心情突然冷却下来，问道：“婶婶，这条围巾要多少头藏羚羊的皮啊？”“我也不清楚，大概几十头吧。这东西可珍贵了，我还是托人从国外捎来的呢！”婶婶不假思索地回答道，“小薇，你要是喜欢，婶婶托人给你买一条好不好？”

小薇听老师讲过藏羚羊是一种稀有的动物，生长在可可西里的大草原上，对保护长江源头的生态环境起着重要的作用。藏羚羊有无比坚硬的羊角，当有狼群袭击时，勇敢的藏羚羊们会团结在一起，低着头，用羊角来与野狼斗争。藏羚羊是可可西里草原上最矫健的奔跑者，即使与越野车赛跑，它们依旧会遥遥领先。但是就算它们有结实的羊角，也抵不住盗猎者冰冷的钢刀；就算它们有矫健的速度，也逃不过人类充斥欲望的子弹。

想到这，小薇突然难过起来，解下被婶婶系得如麻花似的围巾还给婶婶，说：“婶婶，我不要藏羚羊的围巾！您的红包我也不要了！求求您不要再买藏羚羊的围巾了，好吗？我看过电视上姚明哥哥做的公益广告，说的是‘没有买卖就没有杀戮’，就是说如果没有人去买鱼翅、犀角、皮草这些东西，就不会有人去杀害动物。如果没有人去买藏羚羊底绒做的东西，就不会有人去杀害藏羚羊！抵制买卖也是保护野生动物的一种方式，婶婶您明白了吗？”

婶婶愣了一下，她被小薇的话深深地打动了，惭愧地说：“小薇，婶婶答应你，再也不买羊绒制品了，婶婶一定和你一起抵制这些用动物的生命换来的东西，为保护动物出一份力！”

知识链接

为保护好藏羚羊资源，中国政府相继建立了羌塘、阿尔金山和可可西里自然保护区，并组建了专门执法队伍——森林公安，负责打击破坏野生动物资源的违法犯罪活动，取得了巨大成效。

小实践 向周围人宣传有关藏羚羊的知识，呼吁大家不要穿羊绒制品，保护动物，爱护环境。

低碳生活最时尚

知识点

低碳生活可以理解为：减少二氧化碳的排放，低能量、低消耗、低开支的生活。从我做起，从小事做起，养成低碳的良好生活习惯。

华西小学紫荆班的同学们正在进行一场辩论赛，辩论的主题是：什么生活最时尚？甲方的论点是：网络生活最时尚。乙方的论点是：低碳生活最时尚。

甲方同学说，现在的人们干什么都离不开网络。在网上看新闻，了解国家大事；在网上就医，向医生咨询；在网上购物，满足日常生活用品的需要；在网上交友，结识五湖四海的朋友；在网上做作业，通过敲打键盘或剪切粘贴代替手写，而且整齐美观，方便快捷。

乙方同学说，什么样的生活方式最时尚？低碳生活最时尚。低碳生

活减少二氧化碳的排放，就是低能量、低消耗、低开支的生活。低碳生活提倡节能减排，有利于减缓全球气候变暖和环境恶化的速度，势在必行。选择“低碳生活”，是每位公民应尽的责任。某著名演员今年在内蒙古植树200多棵，只为抵消一年坐飞机排放的二氧化碳——这就是最时尚的低碳生活方式。

甲方同学说，节能减排是专家的事情、政府的事情，植树造林也不是我们天天都能做的，而上网却是我们每个人每天必须做的事情，我们所有的最新信息都来自于网络，所以还是网络生活最时尚。

乙方同学说，天天坐在电脑面前对身体有害，还抑制了人的创造性思维的发挥。应该少上网，多看纸质书刊，坚持每天锻炼一小时，这样才是健康的生活。低碳生活提倡的就是健康环保的生活理念。我们只要在一些细节上养成良好的生活习惯，就是最时尚的低碳生活。比如，每天的淘米水可以用来洗手、擦家具，既干净卫生又自然滋润；将废旧报纸铺垫在衣橱的最底层，不仅可以吸潮，还可以吸收衣柜中的异味；将喝过的茶叶渣晒干，做一个茶叶枕头，既舒适又有助于睡眠；出门购物，自己带环保袋，少用塑料袋；出门自带喝水杯和筷子，减少使用一次性杯子和筷子；养成随手关闭电器电源的习惯，避免浪费用电。低碳生活并不难理解，就是吃、住、行、用，不浪费、多运动的意思。

甲方同学纷纷倒戈，感叹说，原来这就是低碳生活啊，我们每个人都可以做到呀！我们也承认，低碳生活最时尚！

知识链接

如果在宾馆内，有人夏天盖着被子还开着空调，冬天室内空调温度则高得让人流汗，办公室里的电脑始终不关，打印纸从来没有双面用过，出门不是开车就是打的，这样的人过的就是高碳生活，应该抵制。

小实践 每天晚上睡觉之前检查家里的电视机、电脑插座等电器是否完全关闭，将闲置的充电器拔下来，养成低碳环保的习惯。

诗意的“城市农夫”

知识点 在业余时间，走出钢筋水泥的城市，在郊区开垦一块地，在地里种点蔬菜和粮食，是一种新的田园城市生活方式。

五月的一天，小路和叔叔带上农具，到龙泉山桃花村去种地。在去年三月举行的“乡村诗歌节”活动中，叔叔认领了桃花村的二分地，实现了他的“农夫、山泉、有点田”的田园梦想。

叔叔是作家、诗人，平时的工作就是坐在电脑面前，辛辛苦苦地写作，经常出现肩周炎、颈椎疼痛的情况。但是叔叔是个非常热爱生活的人，他在自家的阳台上养了许多花，还在一些花盆里种了青葱、辣椒、小白菜等蔬菜。每逢工作累了，他就会走到阳台前，去侍弄一下那些花草，给它们浇浇水，拔拔草，施点肥，或者和它们说说话。

前不久，成都一部分作家、诗人发起了“栖诗意大地、当田园市民、做城市农夫”的诗歌节活动，叔叔也参加了，还认领了桃花村的二分地，并在《城市农夫宣言》卷轴上现场签名，和其他五十多位作家、诗人一起郑重承诺：热爱诗歌、热爱生活、提倡生态低碳、坚守人类原乡，永远用直接、纯粹、自然的心灵，延伸现代田园城市生活方式。如果土地出现荒芜，即由桃花村管委会直接收回。

来到桃花村，找到自家的地，小路和叔叔看到田野里一片葱茏的景象，前段时间种的马铃薯和花生正在争先恐后地长个儿，垄间有一些杂草也跟着长出来了。今年春天雨水好，农作物长得旺盛，杂草也不甘示弱。叔叔和小路就蹲在垄间，一边借助小铲子拔杂草，一边聊天。

“小路，你觉得在这田间干活快乐吗？”叔叔问小路。“叔叔，这里很好玩啊，以后我每个周末都跟你来种地吧！”叔叔笑眯眯地说：“好啊，小路，书上学的那些东西啊，其实大部分都是来自于实践的。陶渊明之所以能够写出《归园田居》，也是因为他自己亲自种地所得的真情实感啊！”

小路想到陶渊明的这首诗，就大声地朗读起来：“种豆南山下，草盛豆苗稀。晨兴理荒秽，带月荷锄归。道狭草木长，夕露沾我衣。衣沾不足惜，但使愿无违。”

叔叔高兴地说：“小路的记忆力真好。小路，你觉得和叔叔到这田间来，是不是比待在家里上网、打游戏有意思啊？”

小路不好意思地说："是啊，叔叔，其实每次长时间的上网、打游戏之后，我都非常后悔。在这田间地头，沐浴温暖的阳光，呼吸新鲜的空气，和大自然亲密接触，这是多美的享受啊！"

叔叔拍拍小路的肩膀说："我们的小路也是个诗人呢，而且还是田园派的！哈哈！"小路也开心地咯咯笑了起来。

知识链接

中国乡村诗歌节于2006年4月14日诞生，在桃花盛开的成都龙泉驿举行，到2013年已举办8届。基本内容有邀请各地知名作家、诗人到现场，组织农民诗人朗诵诗歌、演出等。中国乡村诗歌节已经成为全国知名的诗歌活动和成都地区有影响的品牌文化活动。

小实践

在楼顶花园、房前屋后或者阳台的花盆里，种上几样蔬菜，待蔬菜长成后亲自下厨，邀请朋友来分享。

让心灵回归大自然

知识点 鸟的迁徙是为了一个回归的承诺。在现代化高度发达的今天，人类的心灵是否也应该向大自然做一次彻底的回归呢？

由雅克·贝汉导演的经典纪录片《迁徙的鸟》是一部震撼人心的“鸟类史诗”，影片以其恢弘的气势，强烈的视觉冲击，诗一般的意境，征服了无数的观众。在犹如天籁的音乐背景衬托下，数以万计的鸟儿仿佛听到了故乡遥远的呼唤，它们排着优美整齐的队形，振动双翼，遮天蔽日地飞行。它们掠过森林原野，越过沙漠海洋，飞过皑皑雪山，跨过茫茫峻岭，不管风霜雨雪、严寒酷暑、疲劳饥饿，为了实现心中那个回归故乡的承诺，它们用尽全身的能量，奋力向前飞着。在飞翔的征途中，它们无暇领略大自然最绚丽的风景：一望无际的北美大草原，白雪皑皑的喜马拉雅山，气势壮观的科罗拉多大峡谷，激流汹涌的亚马孙河，雄伟绵延的长城；滚滚乌云裹挟着的电闪雷鸣，惊涛撞击海岸的巨响，雪山轰然崩裂发出的怒吼……它们心中只有一个信念，向着故乡的方向，向着既定的目标，奋不顾身地向前飞行……

雅克·贝汉说：“飞翔对鸟来说不是

人们想象的因为乐趣，而是为了生存而拼搏。它们要穿越云层、迎着暴风雨，许多困难不是我们能够想象的。”雅克·贝汉带着我们近距离地走进鸟群，深入鸟的灵魂深处，为我们捕捉到了鸟类生存的本能和希望的动力。

在长达四年的拍摄中，雅克.贝汉和同事们与鸟儿们产生了默契和交流。一次，他们驾驶着轻型飞机追踪拍摄一队飞越瑞士汝拉山脉的大雁时，雁阵中一只大雁飞出来冲他们大声喊叫，似乎在说：“你们飞得太快啦，我们跟不上！”他们立即调慢速度，于是，雁群以他们为领头雁，人和鸟儿，为了一个回归的承诺，一起向着美丽的大自然，向着远方飞去……

鸟儿们历尽千辛万苦，以生命实践了回归故乡的承诺。在现代化高度发展的今天，我们的故乡又在哪里呢？在不断城镇化的乡村里，还是在霓虹闪烁的城市里？在钢筋水泥的丛林里，还是在与我们的童年有关的记忆里？现代社会的人们，常常藏在冲天而起的高楼大厦里，多年来闻不到花香，听不到鸟鸣，看不到星星和月亮。是大自然中没有花香、没有鸟鸣、没有星星和月亮了吗？不是的。是因为我们的心灵远离了大自然，疏远了大自然，于是大自然也就疏远了我们。如果有一天，我们真的失去了大自然，也就失去了我们赖以生存的家园。

在现代科技和互联网高速发展的今天，我们的心灵是否也应该像迁徙的鸟儿一样，向大自然做一次心灵的回归呢？

知识链接

人与自然是一个统一体，它们相互交融、相互作用、共生共荣。我国古代哲学家十分重视人与自然的和谐关系，提出“天人合一”“道法自然”等思想，是我们正确处理人与自然关系的宝贵理念。

小实践 画一幅画，表达人和自然和谐共处的情感。